创新驱动发展战略视角下科技创新
人才开发模式研究

覃 雯 著

北京工业大学出版社

图书在版编目（CIP）数据

创新驱动发展战略视角下科技创新人才开发模式研究／
覃雯著 ． — 北京 ： 北京工业大学出版社， 2018.12（2021.5 重印）
ISBN 978-7-5639-6650-9

Ⅰ．①创⋯ Ⅱ．①覃⋯ Ⅲ．①技术人才－人才培养－
研究－中国 Ⅳ．① G316

中国版本图书馆 CIP 数据核字（2019）第 022903 号

创新驱动发展战略视角下科技创新人才开发模式研究

著　　者：覃　雯
责任编辑：李俊焕
封面设计：点墨轩阁
出版发行：北京工业大学出版社
　　　　　（北京市朝阳区平乐园 100 号　邮编：100124）
　　　　　010-67391722（传真）　　bgdcbs@sina.com
经销单位：全国各地新华书店
承印单位：三河市明华印务有限公司
开　　本：787 毫米 ×960 毫米　1/16
印　　张：11.25
字　　数：225 千字
版　　次：2018 年 12 月第 1 版
印　　次：2021 年 5 月第 2 次印刷
标准书号：ISBN 978-7-5639-6650-9
定　　价：48.00 元

前　言

创新是引领发展的第一动力，是建设现代化经济体系的战略支撑。创新型国家需要创新型人才。培养创新型人才的首要任务就是培养创新思维与掌握创新方法。当今世界，科技发展突飞猛进，大数据、云计算、物联网、3D打印技术等取得重大突破。人类社会步入了一个科技创新不断涌现的重要时期，科技作为第一生产力的作用日益凸显，世界正孕育着一场新的科技革命。这既给我们带来了难得的发展机遇，也使我们面临更加严峻的挑战。国际竞争是以经济和科技为重点的综合国力的竞争，从根本上说是科技的竞争，是自主创新能力的竞争。金融危机后，各国竞相抢占未来发展战略制高点，国际经济技术竞争日趋激烈。发达国家更加倚重科技创新，更加倾力开发技术，加大对新能源等技术的研发，力图维护其在全球中的经济优势和科技优势，获取最大的利益。面对这样的国际态势，我国唯有不断提升自主创新的能力，才能增强国际竞争力。

纵观全球，科技创新更加广泛地影响着经济社会发展和人民生活，科技发展水平更加深刻地反映出一个国家的综合国力和核心竞争力。以科技创新作为强大动力，充分发挥科技第一生产力和创新第一驱动力作用，以科技创新的新成果转变经济发展方式、增强经济实力，以科技创新的新突破解决经济社会发展的新难题，这成为我国的必然选择。实施创新驱动战略，提高自主创新能力，决定着我国能否实现从贴牌大国到品牌大国、从制造大国到创造大国、从经济大国到经济强国的跨越。

本书第一章分析了创新的分类与内涵以及创新驱动的定义和发展战略要求；第二章为创新驱动发展战略与国家创新体系建设；第三章分析了实施创新驱动发展战略的主要途径；第四章阐述了创新驱动发展战略视角下科技创新人才的内涵以及开发；第五章介绍了科技创新人才开发的相关理论研究；第六章对科技创新人才的成长需求与环境要素进行了分析；第七章阐述了创新驱动发展战略视角下科技创新人才的开发模式及战略构建。

本书系 2015 年广西哲学社会科学规划研究课题"创新驱动发展战略视

角下广西科技创新人才开发机制与政策研究"（项目编号：15DGL001）的阶段性研究成果。

本书共 7 章约 22 万字，由广西财经学院覃雯撰写。为了确保研究内容的丰富性和多样性，笔者在写作过程中参考了大量理论与研究文献，在此向相关专家学者们表示衷心的感谢。限于笔者的水平，加之时间仓促，本书难免存在疏漏和不足之处，在此，恳请各位读者朋友批评指正！

目　录

第一章　绪　论

创新始终是推动一个国家、一个民族向前发展的重要力量。在世界新科技革命的推动下，知识在经济社会中的作用日益突出，国民财富的增长和人类生活的改善越来越依赖于知识的积累和创新。同时，解决当前人类面临的日益严峻的能源和环境问题的挑战，实现资源节约和合理开发利用，促进人类的可持续发展，也主要依靠科技创新。走创新驱动发展的道路，建设创新型国家，已经成为世界许多国家政府的共同选择。

第一节　创新的分类与内涵

一、什么是创新

创新是人类活力的源泉。人类发展的历史就是一部创新史，随着人类创新实践的不断发展，人们对创新的认识也在不断丰富和完善。

根据《辞海》《汉语大字典》和《现代汉语词典》的解释，创新就是"抛开旧的，创造新的"。创新的哲学认识，是人的实践行为，是人类对于发现的再创造，是对于物质世界的矛盾再创造。从认识的角度来说，就是更有广度、更有深度地观察和思考这个世界。从实践的角度来说，就是能将这种认识作为一种日常习惯贯穿于生活、工作与学习的每一个细节中，所以创新是无限的。

（一）创新的社会学概念

从社会学角度来看，创新是人们为了发展的需要，运用已知的信息，不断突破常规，发现或产生某种新颖、独特的有社会价值或个人价值的新事物、新思想的活动。

（二）创新的经济学概念

经济学上，"创新"的概念最初由奥地利经济学家约瑟夫·熊彼特 1934 年在他的著作《经济发展理论》中提出。他认为，创新是"建立一种新的生产函数"，把一种从来没有过的生产要素和生产条件的"新组合"投入生产体系，是企业家通过新组合而产生新利润的活动，包括新产品、新生产工艺和方法、新市场、新材料供给、新管理五种形式。熊彼特主要从技术与经济相结合的角度，探讨技术创新在经济发展过程中的作用，提出创新是经济增长的内生动力，认为内生的研发和创新是推动技术进步和经济增长的决定性因素。

（三）创新的其他定义

"竞争战略"之父迈克尔·波特在《国家竞争优势》中认为，"创新"一词应该做广义的解释，它不仅是新技术，而且也是新方法或新态度。

"现代管理学之父"彼得·德鲁克在《创新与企业家精神》中提出，创新不是一个技术概念，而是一个经济社会概念。广义的创新包括体制、机制、法制等方面的制度创新。

著名管理学家成思危教授认为，创新是引入或者产生某种新事物而造成的变化，大体有三种主要类型，即技术创新、管理创新和制度创新。创新是多层次的，高端创新具有革命性、颠覆性、破坏性，而中端、低端创新则具有渐进性。

除学术界外，各国政府和机构也结合实际工作经验，不断丰富和完善对创新内涵的认识。

——经济合作与发展组织的报告《在学习型经济中的城市和地区》中的定义："创新可以理解为被组织采用产生了经济意义的新的创造。"

——美国竞争力委员会向政府提出"创新美国"计划的报告《国家创新倡议》中的定义："创新是把睿智和技术转出化为能够创造新的资本市值，驱动经济增长，提高生活标准的新的产品、新的过程与办法、新的服务。"

——欧盟在"新的创新计划"中提出"必须对非技术创新给予和技术创新同等的关注"。

——习近平总书记在总结20世纪世界各国，特别是中国发展的历史经验和教训得出的科学结论时强调："创新是民族进步的灵魂，是一个国家兴旺发达的不竭源泉，也是中华民族最深沉的民族禀赋。"

——我国政府坚定推进改革，郑重宣示："'创新'，不仅是技术创新，更重要的是制度创新，坚持改革就是创新。"

可见，创新具有丰富的内涵，要想理解创新就必须从广泛性、层次性、多维度进行全面把握。

二、创新的分类

（一）不同角度的分类

按照创新的强度、创新的对象、创新的开放程度和创新的技术来源，可以将创新从四个角度进行分类阐述。

1. 按照创新的强度分类

（1）根本型创新（突破型创新）

所谓根本型创新就是引入一项新技术，从而产生一个新的市场基础。这类创新以技术上的重大突破为特征，并可能在一定时期内引起产业结构的变迁，如万维网的产生、真空管被半导体代替、螺旋桨发动机被喷气发动机代替。

（2）渐进型创新（改进型创新）

渐进型创新是对现有技术的改进和完善引起的渐进型、连续型的创新，它在某个时点的创新成果并不明显，但具有巨大的累积性效果。在现实中，大量的创新都属于渐进型创新。

2. 按照创新的对象分类

（1）产品创新

产品创新是创造某种新产品或对某一新或老产品的功能进行的创新。按照技术变化量的大小，产品创新可分成重大（全新）产品创新和渐进（改进）产品创新，如美国得克萨斯仪器公司首先推出的集成电路、斯佩里·兰德公司开发的电子计算机等，对人类的生产和生活产生了重大的影响。

（2）过程创新

过程创新也称工艺创新，是产品的生产技术的变革，包括新工艺、新设备和新的组织管理方式。过程创新与提高产品质量、降低原材料和能源的消耗、提高生产效率有着密切的关系，是技术创新中不可忽视的内容，如炼钢用的氧气顶吹转炉、钢铁生产中的连铸系统、早期福特公司采用的流水线作业生产方式以及现代化计算机制造系统等。

3. 按照创新的开放程度分类

（1）开放式创新

所谓开放式创新就是有价值的创意可以从公司的外部和内部同时获得，其商业化路径可在公司内部进行，也可在公司外部进行。这种创新模式意味着企业边界的模糊性，强调企业在创新过程中的各个阶段均可与外部进行资源的交换与共享，进而解决企业内部创新资源匮乏的难题。

（2）封闭式创新

所谓封闭式创新就是企业独立进行创新活动，控制整个创新过程，即自己研发技术并生产、销售产品，提供售后服务和财务支持，较少与外界沟通。这是 20 世纪 80 年代以前企业通用的创新模式。这种创新模式的特点是劳动力流动性低、风险投资少、技术流动困难且对企业研发能力要求高，并且大学等机构的影响力不重要。

4.按照创新的技术来源分类

（1）自主创新

自主创新是"创造了自己知识产权的创新"。它具有三个显著特征：一是核心技术的自主突破；二是关键技术的领先开发；三是新市场的率先开拓。自主创新的成果一般体现为新的科学发现以及拥有自主知识产权的技术、产品、品牌等。在经济全球化趋势下，国际竞争日益激烈，国家或地区的自主创新能力在推动经济增长、保障自主安全和促进社会进步等方面发挥着越来越重要的作用。原始创新、集成创新、引进消化吸收再创新是实现自主创新的三种途径。

①原始创新。原始创新主要集中在基础科学和前沿技术领域，是为未来发展奠定坚实基础的创新，具有原创性和第一性。

②集成创新。集成创新是企业利用各种信息技术、管理技术与工具，对各个创新要素和创新内容进行选择、优化和系统集成，以此更多地占有市场份额，创造更大的经济效益。它与原始创新的区别是，集成创新应用到的所有单项技术都不是原创的，而是已经存在的，其创新之处就在于对这些已经存在的单项技术按照自己的需要进行了系统的集成并创造出全新的产品或工艺。

③引进消化吸收再创新。引进消化吸收再创新是利用各种引进的技术资源，在消化吸收基础上完成重大创新。它与集成创新的相同点，是以已经存在的单项技术为基础；不同点在于，集成创新的结果是一个全新产品，而引进消化吸收再创新的结果，是产品价值链某个或者某些重要环节的重大创新。引进消化吸收再创新是最常见、最基本的创新形式，是发展中国家普遍采取的创新方式。

（2）合作创新

合作创新是两个以上的企业分别投入创新资源而形成的"合作契约安排"，目的是实现共同的研发目标，它是创新活动的一种组织形式。这种合作形式是获取市场前景不确定、具体特定用途难以转移的资源所必需的组织工具。合作创新通常是具有战略意图的长期合作，如战略技术联盟、网络组织；也包括针对特定项目的短期合作，如许可证协议、研发契约等。

（3）模仿创新

熊彼特论述了技术创新的扩散模式：模仿—扩散，即一项技术创新是经过对创新的模仿来实现具体扩散的。模仿创新是通过模仿而进行的创新活动。很多企业发展都从模仿其他企业技术开始。模仿创新具体包括完全模仿创新和模仿后再创新两种方式。完全模仿创新是对市场上现有产品的仿制；模仿后再创新是对率先进入市场的产品进行再创造，超过原来的技术水平，使产品更具市场竞争力。模仿创新虽然能够节约大量研发及市场培育费用，降低投资风险，也回避了市场成长初期的不稳定性，降低了市场开发的风险，但是，随着知识产权保护意识的不断增强以及专利制度的不断完善，要获得效益显著的技术将越来越困难。

（二）创新的重点类型

实施创新驱动发展战略是建设创新型国家的必由之路，深刻领会创新的重点类型，是理解和实施创新驱动发展战略的前提和基础。

1. 方方面面的创新

由于事物发展变化的普遍性以及人的认识向纵深发展，所以创新普遍存在于科学进步、社会生活的各个方面。

（1）知识创新

知识创新就是在现有知识基础上的发明或创造。知识是人们在探索、利用或改造世界的实践中所获得的认识和经验的总和。我们的知识一般分为自然科学知识和社会科学知识两类。因此，知识创新也可以进一步划分为自然科学知识创新和社会科学知识创新。自然科学知识创新包括物理学、化学、动物学、植物学、矿物学、生理学、数学等学科领域的知识创新。社会科学知识创新包括哲学、政治经济学、法学、管理学、历史学、文艺学、美学、伦理学等学科领域的知识创新。

（2）方法创新

方法指人们在探索、利用或改造世界的实践中积累起来的观察问题、分析问题或解决问题的途径、程序或诀窍等。方法创新就是在现有方法基础上的进步或发展，是在现有方法基础上的发明或创造。方法创新就是人们观察问题、分析问题或解决问题的途径、程序或诀窍的创新的总称。方法创新是永无止境的，方法创新的种类也是无穷尽的。

（3）制度创新

制度创新的核心内容是社会政治、经济和管理等制度的革新，是支配人们行为和相互关系的规则变更，是组织与其外部环境相互关系的变更。制度创新的直接结果是激发人们的创造性和积极性，促使人们不断创造新的知识、优化社会资源的合理配置，最终推动社会进步。同时，创新活动的结果又通过制度创新得以固化，以制度化的方式持续发挥作用。

（4）技术创新

技术创新是企业或组织以获取利益为目标，重新组合生产条件和要素，建立起效能更强、效率更高和成本更低的生产经营系统，从而推出新产品、新生产（工艺）方法，开辟新市场、建立新组织的综合过程。技术创新始于研究开发而终于市场实现，包括科技、组织、商业和金融等一系列活动。成功的技术创新能够加速推动长期的盈利增长，在经济收益、市场状态和组织能力等方面单独或同时取得较高的期望效益。

（5）管理创新

管理创新是组织的管理思维、方式和技术的变革与完善，是组织面对环境的变化，用新思维和新方法对组织管理模式进行重新设计，以促进组织管理的有效运营。管理创新包括管理观念创新、管理组织创新、管理方法创新以及管理技术创新等主要内容。由于各组织外部环境是不断变化的，组织需要不断进行管理创新以适应环境和发展的需要，在激烈的市场竞争中取得发展。

2. 形形色色的创新

（1）发明

一般而言，发明是应用自然规律解决技术领域中的特有问题而提出的创新性方案、措施的过程和成果。产品之所以被发明出来是为了满足人们日常生活的需要。发明的成果或是提供前所未有的人工自然物模型，或是提供加工制作的新工艺、新方法。机器设备、仪表装备和各种消费用品以及有关制造工艺、生产流程和检测控制方法的创新和改造，均属于发明。

（2）创造

创造，是将两个或两个以上概念或事物按一定方式联系起来，主观地制造客观上能被人普遍接受的事物，以达到某种目的的行为。简而言之，创造就是把以前没有的事物给产出来或者造出来，这明显是一种典型的人类自主行为。因此，创造的一个最大特点是有意识地对世界进行探索性劳动。

（3）创客

在"创客"这个词中，"创"指创造，"客"指从事某种活动的人，"创客"本指勇于创新，努力将自己的创意变为现实的人。这个词译自英文单词"maker"，源于美国麻省理工学院微观装配实验室的实验课题，此课题以创新为理念，以客户为中心，以个人设计、个人制造为核心内容，参与实验课题的学生即"创客"。"创客"特指具有创新理念、自主创业的人。

（4）创业

创业是创业者对自己拥有的资源或通过努力对能够拥有的资源进行优化整合，从而创造出更大经济或社会价值的过程。创业是一种劳动方式，是一种需要创业者运营、组织、运用、服务、技术、器物作业的思考、推理和判断的行为。

三、创新原理与方法论

（一）激发活力原理

创新是人类社会活力的源泉。这是因为创新者主动参与竞争，这个互相争胜的竞争态势，就形成了达尔文在他的进化论中所说的"生存竞争""优胜劣汰"，竞争的双方和多方在竞争中需要不断增强其能力。要在竞争中增强自己的实力，唯一最有效的方法就是创新。创新是人类文明社会发展的车轮，也是人类文明社会发展的源泉。中国要真正和平崛起，唯走创新之道。

创新彰显活力，活力彰显文明，历来如此。我们人类所处的太阳系的九大行星中，为何唯独地球充满活力？其根本原因在于地球富有生命力，这个"生命力"，就是地球具有活力的源泉。地球的春天最为美好，绿芽悠悠，百花盛开，冰河解冻，百鸟繁忙，这是大自然最具活力的时候。

人间的青春最为美好，朝气蓬勃，血气方刚，意气风发，砥砺奋斗，这是人类最具活力的时候。

环顾全球，地球同此凉热，大自然公允地赐给地球春色，大自然也公允地赐给每个人都享有青春年华。为何有的国度充满活力，蒸蒸日上？为何有的国度情态黯然，萎靡不振？即使在同一个国度，为何有的人发奋攻坚，闯入人类的制高点？为何有的人饱食终日，无所用心？这都是有否活力使然。

看一个民族或一个国家是否有活力，就可以看出这个民族或国家是否有前途；看一个人或一个群体是否有活力，就可以看出这个人或这个群体是否有希望。从某种意义来说，活力有否，是观察一个民族或国家、一个人或一个群体的最佳视角。

一个民族或国家，一个人或一个群体有否活力既然如此重要，那么，活力从何而来呢？它来源于不断创新，创新是人类社会活力的源泉。何谓活力？在自然界，它是勃勃向上的生命力；在人类社会，它是不断革新的创造力。古希腊的亚里士多德、赫尔孟特曾提出"活力论"，他们认为有生命的物体的一切活动是由其内部所具有的非物质因素即活力所支配的。亚里士多德、赫尔孟特看到了活力对生命体的非凡作用，但他们把"活力"这一现象看成了生命物体的本质，而没有看到一切生命物体之所以有活力，是由于它每时每刻都在推陈出新、吐故纳新。这种生命物体的推陈出新、吐故纳新，就其本质来看，就是在每时每刻地创新。

人类文明史不断证明：创新是人类文明发展的车轮，也是文明社会发展的源泉，还是人类社会活力的源泉。创新为什么是人类社会活力的源泉呢？因为创新者是在主动参与竞争。达尔文在他的进化论中提到"生存竞争""优胜劣汰"，不仅动物之间如此，人类之间和人类社会亦是如此。有位动物学家对非洲奥兰治河两岸的动物考察中发现一个现象，河东岸的羚羊繁殖能力比西岸强，它们的奔跑速度每分钟要比西岸的羚羊快 13 米，其源于东岸经常出没着一群狼，使东岸羚羊长期处于一种"竞争氛围"中，优胜劣汰，增强了生存能力。西岸羚羊缺少"天敌"，"饱食终日，无所用心"，甘于平庸。环顾中外文明史，我们不仅看到动物世界如此，人类社会亦是如此。当今中国正在和平崛起，美国联手日本等小帮手天天在我国家门口挑衅生事，意图阻遏我国的和平崛起，这就像非洲奥兰治河东岸经常出没的一群"狼"，虎视眈眈，在这样的"生存竞争"中，若咱中国人不苦练实力而去怕"狼"就永远没出息，若咱中国人立足于创新增强实力而与"狼"共舞，就会立于不败而在竞争中发展成世界一流强国。咱们选取后者，即在创新的竞争中增强自身的活力，如此中国才有光明的未来。人类漫长的发展史，说到底是一部竞争史。人类自远古以来就把建立小康、大同这样繁荣昌盛的社会作为自己的梦想。中国古人对"小康社会"和"大同社会"的向往，就充分印证了古人美好的梦想。繁荣昌盛怎么获得？一种是用强盗的办法，即通过掠夺和征服把别人创造的财富据为己有。事实证明，这只会使自己得到暂时的繁荣，却不能昌盛，因为靠别人的血养活自己而缺乏造血机能，终究会衰亡。另一种是靠自身的努力奋斗。靠自身的努力奋斗也有两种方式：一种是按原始部落社会平均主义的分配方式；另一种是在相互竞争中完善自己、壮大自己。中外古今文明史反复证明：竞争者因有活力而兴旺；怕竞争者因无活力而衰败。

市场经济是竞争的经济，我们只有豁出去拼了，激发自己的创新才智才有前途。有位企业家深深懂得创新对他的企业意味着什么："也许你会认为新的科学发现对你的企业没有什么价值可言，但别忘了，有一天你的竞争对手会利用这些新的科学发现，研制出新一代的产品，将你的生意抢走。"这个大实话不仅是针对企业，人和国家要发展，亦然。

1. 兴趣方法论

兴趣是力求认识、探究某种事物的心理倾向，而创新活动本身，就是一种力求认识探究某种事物的过程和境界，它与兴趣这一心理脉络完全吻合，这就自然使兴趣与创新活动融为一体，产生内驱力，从而展现其活力。中国唐代海洋学家窦叔蒙、瑞典近代植物学家林奈就是自小有兴趣而持之以恒成大器的。

兴趣不仅能激发一个人或一个群体的活力，而且是一个人或一个群体成才和创新的稳定器。作为人的心理和个性的兴趣，若让它转化为创新者的方法论，将会使创新结出硕果。

人或群体的兴趣，为什么是其活力之源呢？我们从心理学的视角来看，兴趣是力求认识、探究某种事物的心理倾向，而创新活动本身，就是一种力求认识、探究某种事物的过程和境界，它与兴趣这一心理脉络完全吻合，这就自然使兴趣与创新活动融为一体，产生内驱力，从而展现出活力。兴趣又由于获得某方面的知识在情感体验上得到满足而产生，而创新活动的进展正是这种情感体验上的满足，并使之内驱力更强，从而表现出来的活力更盛。我们经常发现自己或别人能"从成功激励成功"，其心理根源就在于此。

另外，兴趣之所以能使人或群体产生持久的活力，还在于兴趣是在需要的基础之上产生和发展的，也就是说，需要是兴趣产生的基础，但并不是每一个需要都能成为兴趣产生和发展的基础，像因饥饿对食物的需要就属于低级需要，当人们吃饱以后，对食物的兴趣就会随之消失。若要追求持久而稳定的兴趣，就非要追求高级的兴趣不可，如科学研究、技术发明、文艺创作等等。就高级需要来说，人的需要不同，产生的兴趣也不一样。一般来说，兴趣与需要是同步发展的。兴趣需求转变成个人需要，从而形成和发展为具有个性倾向的兴趣。当今中国正处在要建成世界科技创新强国的伟大时代，为有志并有兴趣投身于创新发明的人，创造了难得的创新生态环境。

兴趣虽然是活力之源，但兴趣有正能量兴趣和负能量兴趣之分。正能量兴趣产生稳定、持久的正能量活力；负能量兴趣产生稳定、持久的负能量活力。正能量活力才能孕育出科技创新、创造发明和创新成果；而负能量活力只能孕育出吸毒成瘾、赌博成瘾和诈骗。因此，我们应扶持正能量兴趣，剔除负能量兴趣，才会有一个健康的内驱力，也才会展现出健康的活力。

2. 需要方法论

需要产生动力，从而激发人的活力。需要永远是创新灵感的源泉。市场需要、生活需要、心理需要、现在和未来需要、赈灾需要、国防需要、治安需要，有问题就要解决也是一种需要。需要无处不有，需要渗透到人类社会的每一个角落，它能激发和唤醒人类社会的活力。因此，需要方法论十分重要。

需要是活力的源泉，人类社会亦然。需要为什么能激发和唤醒人类社会的活力呢？这是由其五个内因造成的。其一，一个人或一个民族或国家，通常总以"缺乏感"体验着，以个人或群体的意向、愿望、梦想等形式表现出来，最终导致为推动个人或群体进行活动的动机。因此，没有对象的需要是不存在的，需要也总是伴随满足需要的对象的不断扩大而增加。其二，需要总是在获得满足的过程中寻找自己的对象，成为实物的、具体的需要。于是，常常出现需要与可满足需要的对象之间的活动性联系，致使需要既表现在个人对感到需求的对象的依赖上，又表现在对对象的渴求上，这双重的表现，促使需要成了人和群体各种形式的积极性的原动力。其三，只要有需要，便一定会产生欲望。如果没有欲望，便没有需要。人或群体的欲望往往是发展的动力，它也能促进和推动事业的发展。其四，有需要必然有要求，要求得到某种东西或要求达到某种目的，以改变生理或心理因缺乏某种因素而产生的与周围环境不平衡状态，这种克服其心理的不平衡状态，不仅能激起（唤醒）人勃勃向上，而且这种激起（唤醒）使人或群体不会沉睡，因为，当一种需要得到满足之后，立刻一种新的需要就产生了，使人或群体的活力也可以持续下去，这也导致生产的扩大和发展。其五，一个心理健康的人，他必然要首先受"发挥和实现自己最大潜力与能量"这种需要所激发，使自己能成为自我实现的人和具有高度感受能力的人，使之不断地鞭策自己而不敢为此怠慢。

需要对激发（唤醒）人和群体内驱力具有至关重要作用，这是心理因素。一旦需要成为导引创新活动的方法论，它就会变成创新活动的巨大能量。

3. 竞争方法论

相互争胜的竞争是人性使然，人们通过竞争又自然激发活力。博弈运动产生竞争，因为竞争系个人或集团或国家间的博弈、角逐，凡两方或多方力图取胜时竞争态势就形成了，科技创新亦然。科技创新在竞争态势中不相信眼泪、只相信结果。不主动参与竞争就会落后，不主动参与竞争就会平庸，不主动参与竞争就会受制于人。科学技术史也反复告诉我们这个简单的道理。

竞争使活力生，不竞争无活力。市场经济之所以使社会有活力，是因为它的精髓是竞争。社会如此，人也亦然。为什么竞争能使一个人或群体充满活力呢？因为竞争的本质是互相争胜。由于竞争是人们共同活动中所形成的一种互相争胜的关系，从而使竞争双方或多方激发出竞争心和特有的向上激情，这种竞争心和向上激情就能驱使人或群体内部、内心充满活力。若一个人或一个群体的这种竞争心和向上激情是可持续的，那么，这个人或群体所展现出来的活力也是可持续的。怎样才能使人们的活力具有可持续性呢？我们从不要竞争的反面例子就可以感觉到：欧洲不要竞争的黑暗千年的中世纪，中国不要竞争的宋代到清代的衰朽千年的封建社会，是使社会文明"静止"

和倒退的时代。十八世纪市场经济首先在英国兴起，亚当·斯密的开创性著作《国富论》从经济理论上肯定并提倡了这种经济。他分析了竞争性市场的活动，分析需求、供给和价格的形成，认为竞争是一种实现这种合乎社会利益的转变的力量，是一只看不见的手。的确，市场经济的竞争，不仅是价格的竞争，而且会使资源得到更为有效的配置。生产者为使自己有竞争力，就必须降低生产成本和商品价格；竞争还促使人们在创新的道路上，不断地创造出新产品和新的市场机会。竞争会给个人和群体带来活力，这自然就带来社会的活力。我国因为实行改革开放的政策，实行了竞争的社会主义市场经济体制，仅仅用了30余年，就从一个贫穷落后的国家一跃成为世界第二大经济体，逼近美国。

在经济全球化的今天，从某种意义来说，现代的竞争，就是创新的竞争。一个人、一个企业、一个国家，要使自己在竞争大潮中立于不败之地，就必须把竞争这一要素转化为自身的"竞争方法论"，这才能使自己稳操胜券。

（二）善于自胜原理

"善于自胜原理"的思想精髓源于老子的"自胜者强"，自己克服自己的弱点和弊端才能变得强大。创新者要善于自胜，应遵循三原则：要善于否定自我的弱点和弊端；要树立为人类作贡献的远大抱负；要善于把自胜化为自我竞争。

环顾地球史和人类史，凡战略性失败者，无一不是自己打败自己。作为探索真理和立足发明的创新者，更是如此。所以，"善于自胜"是创新者攀登科学高峰过程中的必修课。从某种意义上来说，创新者的成败是与善于自胜的程度成正比的。

创新者要善于自胜，就应该遵循下列原则。

①要善于否定自我的弱点和弊端。人最难突破习惯性思维，说通俗点，就是执迷不悟，还把病态当成优势。这在一些人的说法叫"路径依赖"，习惯了走过的路，不愿意走新路，更不愿开拓新路。因为自然界每日每时都在变化，人类社会每日每时都在变化，这种变化就是运动，而自我却龟缩于瓮中或井中，不愿打破陶器，或不愿跳出井口，最后的结果是不言而喻的。因此，善于自胜就要善于否定自我的弱点和弊端，只有否定了自我才能发展自我。爱因斯坦否定了自己过去不敢怀疑的权威，才从容地提出"狭义相对论"，从而超越了牛顿；达尔文否定了过去钟爱的神学，才从容地产生了进化论思想。诸如此类，亦然。

②要树立为人类作贡献的远大抱负。创新者若没有梦想、没有大志，那终将成不了大器。墨子强调"志不强者智不达"，苏东坡也感慨"古之干大事者，不惟有超世之才，亦必有坚忍不拔之志"，故"人无善志，虽勇必伤"。明代的宋澄为此说得更尖锐，"丈夫无所耻，所耻在无成。"环顾中外大家者，有谁是胸无大志者？没有。"当尧之时，水逆行，泛滥于中国，蛇龙居之。民无所定，下者为巢，上者为营窟"，此时，原始水利科学家大禹挺身而出，决心治理九州，变害为宝，为民造福；公元前3世纪的阿基米德，被称为"几何科学的妖怪"，他声言："给我一个支点，我可以撬起地球！"

③要善于把自胜化为自我竞争。人类漫长的发展史，是一部竞争史。凡是自己同自己竞争的时期，人类社会发展都会产生质的飞跃，人亦然，何况创业者乎？达尔文进化论中的"生存竞争""优胜劣汰"，其核心就是自我竞争中的新陈代谢，是自己竞争的过程，而不是征服对方、消灭对方的外力起根本作用的过程，这与后来社会达尔文主义的"弱肉强食"有本质的不同。张衡之所以成为中国古代科学巨匠，与他着力于自身自然科学与人文科学的结合密不可分。工匠法拉第之所以成为磁场专家，与他长达50年献身科学、攻克科学堡垒密切相关，一生沉醉于科学之中的法拉第才能从工匠变为"伟大的法拉第教授"。

1. 善败方法论

善败，是在不可挽回而导致失败的状态下，善于对待失败，并从失败中力争成功。"善败"是中国三国时期诸葛亮提出来的，他有个著名论断，就是"善败者不亡"。善败者要坚持三原则：一是不允许战略性失败；二是要善于变失败为成功；三是善败者善于吸取他人失败的教训。爱迪生的失败观、美国硅谷的"失败大会"对我们如何正确认识和处理失败有所启发。

科学发现和科技发明的本质是探究未知领域的客观规律。科学发现和科技发明探索未知领域时涉及假说，而假说是科学研究创新者最重要的实用方法论，其主要作用是提出新实验或新观察、新设想，而科学发现和科技发明在实验和论证假说的每一个过程都有失败的可能性，因此，失败对创新者来说是十分正常的事。创新者怎样对待失败才是一个重要的课题。成功的创新者不仅能从容地对待失败，而且能转败为胜，化失败为成功这就是"善败方法论"所追求的东西。

对当今的科学和科技创新者来说，"善败方法论"是一个十分重要的方法论。不过，我们在运用"善败方法论"时，必须坚持以下几个原则。

①善败但不允许战略性失败。诸葛亮派马谡而失街亭是战略性的失败，使刘备政权根本性地崩溃。创新者穷其一生搞"永动机"，屡试屡败，这在

科技方面也是战略性失败。我们允许善败，但不允许战略性失败。

②要善于把失败转化为成功，就要在失败中吸取教训。不犯类似错误，善于把失败之中成功的因子提炼出来，并不断强化成功的因子直至成功。

③善败者不是一切靠自我失败吸取教训，而是善于从别人或别个群体的失败取得教训，不仅不犯他人所犯的类似错误，而且善于把别人或其他群体的失败化为自己的成功。

诺贝尔科学奖得主伊格纳罗在北大演讲时，回答一位学生关于如何对待科研失败提问时，坦然地回答道："当你在研究科学的过程中，遭遇多次失败时，不应该总是被担心所困扰，而应该积极地去寻找正确的方向。"这就是科研中应有的"善败"观，它与诸葛亮的"善败"观是一致的。一个创新者，能正确对待失败，面对挫折百折不挠，在失败面前，能发现成功的因子，并扩大成功的因子从而走向成功。

2. 自胜方法论

在任何领域我们都不难发现，自己是自己的最大敌人。因此，作为创新者，要善于自己战胜自己，中国古代老子的"自胜者强"是至理名言。

"自胜方法论"强调创新者必须过五关：一是炼狱关，要有为真理献身的准备；二是实力关，无实力的创新就是虚妄而成不了大器；三是自信关，在实力基础之上坚信自己的能力和力量；四是独立关，在探索真理过程中不盲从、不受干扰；五是坚韧关，在挫折和困难面前不气馁、不妥协、持之以恒、锲而不舍。能过这五关并能自胜的创新者，才有望成大器。

创新者要善于战胜自己。除了自己，没有人能把我们打败，自己永远是自己最大的竞争对手。选择一种战胜自己的姿态，是每一个渴望成功的人必须首先完成的心理课题。中国春秋战国时代思想家老子有一句名言："自胜者强。"老子敏锐地指出一个由弱变强的真理：克服自己的弱点才是强。

的确，古今中外历史都在证明这样一个基本的道理：克服自我的弊端和弱点，才会使创新者在处于被动和弱势的时候，能迅速地、因地制宜地转化为主动和强势。创新者要在探索真理和科技发明中取得成功，想实现自己在科技领域的终生梦想，就非"自胜"不可，它是成功的先导，也是成功的保证。一个有志于创新并想取得丰硕成果贡献给世界的人，在"自胜"方面应做到五个方面，即炼狱、实力、自信、独立、坚韧，它也是"自胜方法论"的五关。

（1）炼狱关

探索真理不像小溪划船赏景那么轻松和浪漫，在某种情况下，它可以说是一种炼狱。上古时代的神农，为了品尝能给百姓治病的草药，"一日而遇七十毒"，并因尝到有剧毒的断肠草而身亡。你作为探索真理的创新者，能有这种不惜牺牲自我而为人类的胸怀和胆量吗？当你需要捍卫科学真理而反动派势力十分强大、能随时对你处以极刑时，你能像布鲁诺那样为了捍卫真理笑对死亡，慷慨陈词"我宁愿做烈士而牺牲"吗？这些是科学家身心的炼狱。"有价值的英勇的死去，胜过无价值的卑鄙的凯旋。"作为想一生中有作为的创新者，就要过身心炼狱这一关。

（2）实力关

一个没有科技实力和真才实学的人，想在科技发现和科技发明中有大器之作，那是一种幻想。没有实力，即没有攻下所设定的创新目标的基础科学和精湛技艺的雄厚实力，那你只能在创新目标外围游荡，无法触及其本质的东西。说得通俗一点，你若学科基础不牢、技艺不精，只能会被所攻取目标边缘化，而永远成不了所攻取的创新目标的贵客。另外，你若没有实力，在与反对派较量时，会底气不足，败下阵来。相反，你若有实力，就不怕与反对派周旋，然后利用有利的时机击败反对派，扫除障碍，确立所探索真理的地位。

（3）自信关

自信是创新者坚信自己的能力和力量，自己相信自己的一种信任情感的表现。自信心者，既有实力又确认科学探索的主攻目标的正确，不然就容易走向虚妄。一个创新者，只有具备了上述两个条件，他的自信才是真的，否则就是自负或虚假的。而作为探索真理的创新者，切忌不要犯自负或虚假自信的毛病，否则会事与愿违。居里夫人之所以在炼矿石的磨难中充满自信，是因为她对当时已知的各种化学物质进行了全面的考察，获得了重要的发现：一种叫作钍的元素也能自动发出看不见的射线来。

（4）独立关

一个创新者，不会朝秦暮楚，更不会犹豫盲从。独立思想，对一个探索真理的人来说尤为重要，因为它在关键时候会产生独立的、不受干扰的正确判断。自学成才的法拉第对独立判断就有很深刻的感受。

（5）坚韧关

所谓坚韧，是创新者在创新活动中，遇到了挫折和困难时，不气馁，不妥协，具有顽强的毅力和坚定的信心，始终不渝地坚持奋斗。

因此，善于自胜的创新者，必过炼狱、实力、自信、独立和坚韧五关，方可成大器。这就是老子"自胜者强"的硬道理。

3. 择优方法论

"择优方法论"既涉及创新者确立自我知识结构最优的方法，又涉及创新者攻取创新目标最优的方法。具体而言，择优涉及创新者两个方面：一是按自我的个性倾向择优，根据自己的特长、兴趣、能力和需要，组成属于自己独特的知识最佳结构；二是创新者根据自己的特长、兴趣、能力和社会紧缺需要，来确定自己的科研和发明的最优主攻方向，这个方向正确精准与否，将决定创新者的事业成功与否。达尔文执着地对生物的爱好、弗洛伊德执着的专业精神，使他们成为世界级的科学大师。

从心理学的视角来分析，人的个性心理是不同的，因为一个人受不同的家庭和社会制约或在群体影响下，所形成的个性心理是不同的。人的个性心理的不同主要涉及三个方面：一是心理倾向的不同，诸如需要、动机、兴趣、理想、信念与世界观等心理倾向的不同；二是能力、态度、性格等心理特征的不同；三是自我评价、自我感受、自我控制等心理调节的不同。这三种不同，就特别体现在个人的倾向性和特征上，诸如不同的兴趣、不同的爱好、不同的需要所导致的不同的特长。就创新者来说，若要选取走向成功的捷径，那就是根据自己的特长和兴趣来确立科学研究和科技发明的主攻方向，这在事业上才容易取得成功。揭开物种延续规律的达尔文就是一个典型的例子。少年时代的达尔文就喜欢大自然，常到旷野或沙漠去搜集昆虫、鸟蛋和贝壳等，这就初步形成了达尔文的个性倾向性，对大自然，对昆虫和鸟类的特殊兴趣和敏感，也初具一定的特长和特性。他16岁进爱丁堡大学学医，虽然主学的是医学，但他仍花很多时间到野外捕捉动物和采集标本，这反映达尔文对生物兴趣和特长的稳定性发展。特别是达尔文19岁时按父亲的意愿进剑桥大学去学神学，当时的神学在英国是一个很时髦的学问，毕业后当神父之类，在社会上也有较高的地位，也是父亲所钟爱的专业。但是，由于他的特长和兴趣因喜欢生物而固化，强行要他学神学而感到神学课程极为枯燥无味。他仍然我行我素，继续采集大量生物标本，并且学自然科学书籍，结交生物学家和地质学家，跟随他们到野外去实习，这就为后来达尔文发现进化论打下了深厚的学科和经验基础。1831年，达尔文乘"贝格尔号"军舰去南美洲海岸和太平洋考察，每到一处总要认真地对当地生物和民俗进行考察和采访，这为他孕育发现进化论做了重要的铺垫。五年中，他登高山，涉溪水，入丛林，过草地，采集动植物标本，挖掘生物化石，发现大量的新物种，积累了极为丰富的生物实际知识。所以，达尔文认为："贝格尔舰的航行是我一生中极其重要的一件事，它决定了我的整个事业。"的确，回国后，他经过二十多年的研究和继续搜集材料，终于写出了《物种起源》，确立了生物进化论，成为有史以来最伟大的生物学家。从达尔文的这个经历可以看到，青少年时代按自己的特长、兴趣、需要去发展是多么的重要。这也是"择优方法论"的一个重要方面。

"择优方法论"还有另一个重要方面，就是当创新者根据自己的特长、兴趣和需要确立了独特的知识结构以后，还应根据自己的特长、兴趣、能力和需要，再结合社会的紧缺需要，来确定自己科研和发明的主攻方向，这个方向确定正确精准与否，将决定你的事业成功与否。张衡根据自己的特长搞地震仪，沈括根据自己的特长写《梦溪笔谈》，瓦特根据自己的特长主攻蒸汽机，法拉第根据自己的特长搞磁场，焦耳根据自己的特长搞能量守恒和转化，钱学森根据自己的特长搞火箭和卫星，霍金根据自己的特长搞黑洞理论。

4. 良性伦理方法论

良性伦理创新者既有优良品德，又有内在驱动力。中国自古注重人的伦理价值，这个良性伦理价值自上古时候皆然，特别是上古传说中的"神农尝百草"家喻户晓，深入民心。上古探索药物治病的神农，用现在的眼光看，应是"医学科学家"，至少可称之为"原始医学科学家"，他的行为让人动容。古时候，人们吃的是野草、喝的是生水，采摘树上的果子来充饥，还吃些不干净的肉。

因此，人们的身体常受到病毒的伤害。神农氏于是教民众播种可以食用的五种谷物，根据土壤的不同情况进行栽培。神农又亲自品尝很多野草的味道和水源的甜苦状况，让人们知道哪些能吃能喝，哪些不能。神农做这些事时，一天要遇到七十种毒。"原始医学科学家"神农一生把民之疾苦高于自身的疾苦，不辞辛劳、不怕中毒，而为民试药尝百草之精神，正是心灵的崇高，也正体现了原始科学家那种良性伦理价值。在中外科技史上，敢为真理献身者令人景仰：刘徽的刚直不阿、布鲁诺为真理而殉难、祖冲之的智慧、魏格纳献身于事业、居里夫人不顾自身安危、邓稼先的无畏、孙思邈的崇高品德以及詹纳一心解救百姓，这些正是人类之楷模，值得敬仰和学习。

5. 继承创新方法论

世界几千年文明史，其创新成果就本质来看，都是继承创新的结果。产生的新思想以及发现和创造的新事物，莫不是创造性继承的结果。古希腊人从美索不达米亚古老文明中学到了天文学、数学、物理学和哲学，才铸成了古希腊文明；我国春秋战国的"百家"，继承了炎黄文明、夏商周文明，才铸成了春秋战国百家争鸣的局面。科技的发现和发明的规律也是这样，没有有效的、创新性的继承，就没有创新的成果。我国东汉的张衡没有对西汉落下闳的浑天说这一理论的继承和创新，就没有张衡浑天仪的诞生；近代意大利没有对近代波兰哥白尼"天体运行说"的继承和创新，就没有敢于向经院哲学发起进攻的天才——布鲁诺。

因此，从广义来说，一部世界文明史，就是在继承中不断创新的历史；从狭义来说，科技的发现、发明的创新，总是在继承中创新的结果。只是有些继承的创新是间接的或在原来基础上启发性的，有些是在原来的基础上的直接的改造，这种在原来基础上直接改造的继承创新，往往对后来企业和国家是十分有益的。

6. 锲而不舍方法论

"锲而不舍方法论"指创新者在创新活动中，不因挫折而停顿，坚持不懈地去争取事业的成功。创新者必须坚持"三心"：一是体现坚决意志的决心，二是体现确定不疑意志力的信心，三是体现持久不变意志的恒心。因此，锲而不舍，就是一个创新意志力的磨炼和较量。爱因斯坦是决心意志力的范儿，魏格纳是信心意志力的范儿，钱学森是恒心意志力的范儿。凡科学发现和科技发明，既有一个萌芽过程，还有一个实证过程。科学发现和科技发明的萌芽过程或长或短，短则几年，长则几个世纪。一个敏锐的创新者要抓住最早出现的星星之火，这不是人人都能做到的，而只是为有科学发现和科技发明强烈欲望的人准备的；科学假说一旦成立，它就必须有严格的实证过程，即严格的理论论证和实验论证，它的性质决定这个过程也是漫长的。由于科学发现和科技发明的萌芽过程和实证过程的漫长性，创新者若没有锲而不舍的精神并运用到方法论之中，将很难登上科学的巅峰。"锲而不舍方法论"对创新者，具有举足轻重的地位。所谓"锲而不舍方法论"，原指不停地雕刻才能成形一个艺术品，引申为搞科研和发明，不因挫折而停顿，应坚持不懈去争取事业获取成功。创新者要实施"锲而不舍方法论"，就必须坚持"三心"：即决心、信心和恒心。这"三心"都体现出创新者的意志力。决心体现创新者坚决的意志，信心体现创新者确信不疑的意志，恒心体现创新者持久不变的意志，而三者又互相影响，互相促进。我们知道，一个人的意志行动是受意识支配、控制、调节的行动。它与盲目冲动的行动不同，它与熟练习惯有区别又有联系。人的意志行动是人类特有的自觉确定目的的行动。人在行动前，行动的目的就以有意识的观念形式存在于人的头脑之中。它是受意识能动地调节支配的行动。意志是内部的意识事实向外部动作的转化过程。这过程集中体现了人的心理（即意识）的主要能动性的特点。另外，克服内部和外部困难是意志行动最重要的特征，也体现在决心、信心和恒心"三心"上。创新者战胜挫折和困难的过程，就是通过意志努力来实现意志目标的过程。所以，可以说"锲而不舍方法论"是一种展现创新者意志力的方法论，即创新者为达到创新目标而自觉努力的展现。

（1）展现创新者坚决意志的决心

就意志力的展现来看，应做到果断不武断，坚定不固执，坚毅不顽固，还要做到热烈与冷静相结合，果决与坚韧相结合，高亢与自制相结合。

（2）展现创新者确信不疑意志的信心

就意志力的展现来看，应做到勇敢不鲁莽，沉着不寡断，还要做到坚贞与忍耐相结合，果敢与坚毅相结合。

（3）展现创新者持久不变意志的恒心

就意志力的展现来看，应做到自强不自傲，自制不保守，冷静不冷漠，还要做到无畏与顽强相结合，勇武与柔韧相结合，奋进与克制相结合。

（三）以人为本原理

1. 学会提问方法论

科学的发现和创造始于问题，而且深思熟虑的问题往往能结出创新之硕果。因此，学会提问是创新活动的重要前提，它对创新者来说，具有战略意义。"学会提问方法论"对教育创新、企业创新、科研创新都十分重要，并为此要坚持三原则：提出科学问题进入实验室时要反复证伪，提问要有科学的质疑精神，提问是科研创新的逻辑起点。

据统计，全球有1700余所高等院校采用了"教会学生在问题中学会学习"的教学方法，这已成为当今国际非常流行的一种培养创新人才的教学法。这种方法既激发学生学会思考，又给教师和校长提出了挑战。为什么"学会提问"对创新者非常重要？这是因为科学的发现和创造始于问题，而且始于深思熟虑的问题。好问善疑是科学精神的精髓，这一科学精神作为人类文明崇高的精神，正是文明时代急切的需要。爱因斯坦深切地感受到："提出一个问题往往比解决一个问题更重要。因为解决一个问题也许仅是一个数学上的或实验上的技能而已。而提出新的问题、新的可能性，从新的角度看旧的问题，却需要有创造性的想象力，而且标志着科学的真正进步。"显然，学会提问，是一个创新者的基本功，这个基本功不解决，你的创新就很难成大器。创新者要"自胜者强"，就要善于运用"学会提问方法论"于创新的实践之中。

掌握"学会提问方法论"有这样几个基本原则。

（1）第一原则：科学性问题进入实验室

只有提出科学性的问题，才对于未来的创新具有战略性的影响。以居里夫人的科学发现为例：1896年贝克勒尔对放射性的发现引起了玛丽·居里夫人极大的兴趣。铀及其化合物不断地放出射线，向外辐射能量。她对此提出科学问题：射线放射出来的能量是从哪里来的？这种与众不同的射线的性质又是什么？居里夫人决心闯入这个领域，她是根据她提出的科学问题进入实验室的。

（2）第二原则：提问要有科学的质疑精神

什么是科学的质疑精神？孔子的一句话可以概括："言必信，行必果，硁硁然小人哉。"孔子认为一说就相信，一行就有结果，这是"小人"的看法。孔子一贯的思想是要听其言，观其行，对其言行进行认真的实证考察。

（3）第三原则：提问是科研创新的逻辑起点

德国著名数学家戴维•希尔伯特的这一看法是精当而正确的："只要一门科学分支能提出大量的问题，它就充满着生命力；而问题缺乏则预示着独立发展的衰亡或中止。"发明家保尔•麦克克里更直白地认为："唯一愚蠢的问题是你不问问题。"上述看法之所以是对的，是因为任何科学的发现和科技的发明，都是人们对客观对象认识的一种能动的反映过程，客观猜测、探索，这集中表现为提出问题和解决问题，加之科学研究从已知出发探索未知，已有知识无法解释的事实或事件是科学研究所要解决的。因此，科学研究是从提出科学问题开始的。

2. 创造性个性方法论

创新能力是可以培养的，这是当代专家们的共识。怎样培养子女或学生的创新能力呢？不应就事论事，应先运用"创造性个性方法论"去培养其创新能力。一个人的创造性个性主要是通过后天形成的，即通过树立创造性个性心理、个性倾向和自我意识，从而具有创新意识、拼搏与坚韧精神、冒险与牺牲精神、质疑与批判精神、探索与求实精神，从而成为名副其实具有创新能力的人。

现代教育界、心理学界专家有一个共识，就是创新能力是可以学习、挖掘和培养的。科学研究证实：人的大脑中潜藏着巨大的创新能力，问题是如何使它释放和发挥出来，许多人身上的创新潜能之所以不能表现出来，有社会环境问题，也有个人方面的因素，但缺乏训练和学习，以及缺乏自我修炼则是个人创新能力不强的主因。

许多人诘问：为什么中国学生善于学习书本知识而不善于创造？为什么中国大学生一到美国就显示出创造能力成为优秀人才？这与我国教育以及学校教育不重视其创新能力的培养有着密切的关系。作为家长以及学校的教师，怎么样培养子女或学生具有创新能力呢？那就是家长和教师要着力于子女或学生的创造性个性培养，按中外教育学者和心理学者的经验，实施"创造性个性方法论"。

一个人只要把自己的特长发挥到极致就算真正的成功，这就应了民间一句俗话：三十六行，行行出"状元"。一个有效的教育只要把学生的特长发挥到极致，就算教育的成功。三十六行，行行出"状元"，这个"状元"，不是过去对"四书五经"死背的本事，而是在自己特长的基础上进行不断的、持之以恒的创新活动，最后才能使自己的特长发挥到极致，可见创新活动是一个人成大器之关键，而一个人要拥有持之以恒的创新活动，光靠一般意志力是不行的，还要靠后天养成的创造性个性（创造性人格）的形成，这就要靠教育和自我修炼了。

　　创造性个性（创造性人格）主要靠后天教育和自我修炼形成，一旦你具有创造性个性（创造性人格），在创造活动中你就不会当看客、旁观者，而是主人、参与者，这不仅使自己的人生精彩，而且会因自己的创造成果而对社会做出应有的贡献。创造性个性（创造性人格）是与个体创造性活动有关的个性倾向性（需要、动机、兴趣、信念、理想等）以及自我意识和个性心理特征（气质、性格、能力等）的总和。作为家长和教育界，就要有意识地培养子女或学生创造性心理；作为创造者自我，就要有意识地培植自我的创造性心理。教育者和创造者自我怎样培育创造性心理呢？首先，立志在这些方面努力：勇敢，不怕标新立异，逾越常规；敢于言别人所未言、为别人所未为；自信，独立性强，坚信其创造活动的价值，不轻易改变其信念；善于独立思考，独立发现、分析和解决问题，不随波逐流；刻苦勤奋，进取心强，埋头事业，殚精竭虑；对创造活动充满激情，富有幽默感；联想灵活，"思维游戏"大胆，有一种内在的自由；做事持之以恒，有锲而不舍地集中注意力的能力；严谨认真，一丝不苟；不满足于现成答案，决不牵强附会；不放过任何疑点和含糊不清的地方。另外，作为立志创新者，还要接受自我意识和个性倾向性的修炼。就自我意识来说，应正确认识自己，不卑不亢，有自知之明；能立足于现实的我，借鉴过去的我，掌握他人心中的我，创造未来的我；具有较高的自我体验和自我控制水平。然后，为了有稳定的创造需求和欲望，就要确立个性倾向性，要让自己有稳定的创造需要和欲望，有崇高的创造动机和价值取向，有广泛而又专一的认知兴趣，有科学的世界观。当这些修炼之后，就要用下列的表现来看是否已修炼到位：要具有创新意识，要有拼搏精神、冒险与牺牲精神、质疑和批判精神以及探索与求实精神。

　　创造性个性是先天因素（遗传素质）和后天因素交互作用的产物。科学史和教育史表明，人的创造性个性主要是通过家庭教养、学校教育、社会氛围特别是个人创新意识长期修炼形成的，这种后天所形成的创造性精神往往更稳固、更持久并更具有抗挫折性，因此，家长特别是学校在培养学生"创造性个性方法论"上担负着关键性的作用。家长对子女以及教师对学生要营造有利于创造的社会氛围，首先要摒弃消极的文化观念，包括儒家的"知足常乐""中庸之道"等人生态度，道家的"与世无争""清心寡欲"等观念，小农经济的因循守旧和封闭保守等意识。与此同时，还要营造有利于创造的家庭及学校组织氛围，即控制性压力小、发展性压力大的组织氛围。学校应特别注意营造有利于创造的教学氛围。

3. 潜人才转化方法论

关于潜人才，先要弄清人才是什么。什么是人才呢？人才就是对人类和社会有创造性贡献的杰出人物。人才是在一定的社会条件下，能以其创造性的劳动，对社会发展、人类进步做出一定贡献的人。人才是人群中的精华、群体中的杰出、贡献中的卓越、影响中的宏大的那类人，是人类推动历史前进的代表和尖兵。那什么是潜人才呢？潜人才是潜在人才、还没有显露的人才。潜人才有两种：第一种是已做出创造性的成果，但由于某种条件的限制，尚未被社会发现和承认的人才；第二种是尚未做出创造性的成果，但通过自身和社会的扶持，能为人类做出杰出贡献的人。应该说潜人才是大量的、居于多数地位的，而人才是少量的、居于少量地位的。潜人才与人才的密切关系表现在：若潜人才的素质水平高，那么人才的素质就高；若潜人才的素质水平低，那么，人才的素质就低。还有，潜人才数量大，那么人才数量也大；潜人才数量小，那么人才的数量也小。潜人才是人才之源，也是人才质量之本。如何培育、呵护、发现并彰显潜人才，不仅是一个企业的战略考量，也是一个民族、一个国家的战略考量。一个智慧的企业或政府，不仅重视人才的培养和选拔，更重视潜人才的培育和激发，使他们按人才发展规律较快地发展为人才。宇宙中的"暗物质"就如同人类社会的潜人才。"暗物质"被科学界基本证实，根据大量的观测，天文学家推断，在我们所知的宇宙中有80%～90%的引力质量是处于不发光状态。潜人才是一个富矿，待我们去开发。这开发的工具就是"潜人才转化方法论"。在运用"潜人才转化方法论"时，应坚持下述几个原则。

（1）前辈人才应勇于带出一批潜人才

前辈人才若去压制潜人才，不仅是人的卑鄙，而且是人才发展的悲哀。

（2）对潜人才要及时发现、及时培养

一个人处于潜人才发展阶段时，能否被及时发现并得到有效的培养和使用，对于以后的发展具有十分重要的意义，甚至成为他成才道路上的转折点。在这方面，玻尔做了很好的示范。玻尔创立量子力学，是哥本哈根学派领袖，他在一次演讲中被一个名不见经传的潜人才海森堡质疑,并切中了要害。会后,玻尔约海森堡散步,一起交流切磋。海森堡后来到玻尔研究所工作,1932年海森堡还获得诺贝尔科学奖。

（3）重视学校对学生创造力的培养

潜人才最大的源泉在学校,因此,教师担负着培育未来人才的重任。教育应善于发现和尊重受教育者现有的个性,不要强求一致,千人一面,应培育和激发学生的创造力、主体性,让他们养成创造思维的习惯,为他们进入现实世界成为人才开辟道路。

4.能力差异平等方法论

一个创新团队、一个组织、一个社会要使公平与效率兼得,唯有实施"能力差异平等方法论"。中外历史一再证明:平均主义是一种假公平,它的本质是一种剥削行为,让懒人剥削勤人,让愚人剥削智者,故凡实行平均主义的社会都是短命的。人剔除不合理的特权和贵贱,往往采取"能力差异"。"能力差异"被运用在包括报酬等各个领域,就会使人真正"有奔头"而得到解放。所以,我们应坚持运用"能力差异平等方法论"。

四、创新的多维度解析

创新紧随人类文明发展的步伐,或推动,或引领,或跟随,或并进,具有鲜明的时代特征。制度创新激发了人们的创造性和积极性,推动创新的进程;技术创新是人类进步的重要成果,引领创新的发展;管理创新为创新的实施提供保障,跟随创新的过程而形成。各类创新相互作用,共同推动人类文明的进步。新形势下,准确理解创新与发展、创新与市场、创新与改革以及创新与开放的相互作用,为我们多角度理解创新、更好地把握创新的内涵提供了帮助。

（一）创新与发展

创新是发展的内在要求和根本动力,是解决发展问题的根本途径。各类创新推动着人类文明的不断进步。通过科技创新不断推动物质文明进步,以解决经济发展问题,为人与社会的发展创造物质基础。邓小平提出"科学技术是第一生产力"的论断,强调科技创新对发展具有重大意义;通过文化创新不断推动精神文明发展,以解决文化发展问题,为人和社会的发展提供智力支持和精神动力。

（二）创新与市场

一方面,市场对创新资源配置具有决定性作用。技术创新是一项与市场密切相关的活动，技术的价值主要还在于应用，最终其优劣要靠市场来评价，其有效程度也要通过市场来反馈。市场决定性作用就是让价值规律、竞争和供求规律在创新资源配置中起决定性作用，推动资源配置依据市场规则、市场价格、市场竞争来实现效益最大化和效率最优化。另一方面，市场对创新成果转化具有引导作用。创新价值通过市场实现，市场是促进科技成果转化和产业化的重要渠道，是实现科技资源配置、促进产学研用合作、加快高新技术产业化、培育发展战略性新兴产业的重要途径。

（三）创新与改革

一方面，改革为创新理顺关系。通过改革，能够推动创新资源依据市场规则，实现效益最大化和效率最优化的配置；能够强化企业在技术创新中的主体地位，推进企业技术创新；能够发挥政府在基础性、战略性、前沿性科学研究和共性技术研究中的支撑作用，引导政府职能的转变。另一方面，改革促进科技和经济社会发展之间的融合。深化经济体制改革和科技体制改革，能够打通科技和经济社会发展的通道，通过改革进一步强化创新供给、释放创新需求。

（四）创新与开放

一方面，创新是开放的引擎。创新促使各国、各地区从封闭的生产经营方式中走出来，融入世界经济体系；创新促使世界经济竞争从单个企业、产业、城市之间的盲目竞争，转变为跨国公司、产业集群、城市带之间的竞争与合作；创新促使松散、零星的世界经济联系，转变为制度化、紧密型的经济组织形态。另一方面，开放为创新提供平台。在经济全球化时代，只有充分利用世界科技进步的环境和成果，把握全球的资源、需求、人才，从创新机制、创新理念、创新基础、创新条件、创新手段上进一步扩展视野、提升水平，才能在参与经济全球化过程中获益。

第二节 创新驱动的定义及发展战略要求

一、什么是创新驱动

创新驱动是一种新的经济发展模式，或者说是一种推动经济发展的新动力机制。

对一个国家而言，经济发展在不同阶段的主要动力是不同的。改革开放初期，我国经济规模小，物质短缺，人们收入低，因此，亟须发展壮大经济，增加就业，提高人们收入。所以，投资驱动和出口驱动是必然的。经过30多年发展，我国已告别物质短缺时代，20世纪末基本实现小康，正奔向全面小康。

但在我国经济发展过程中，也出现了种种问题和弊端：过度依赖能源资源消耗，环境污染严重；经济结构不合理，农业基础薄弱；自主创新能力较弱，企业核心竞争力不强。我国制造的产品中，真正拥有核心专利技术、拥有自主知识产权的比重很低，我国只是一个贴牌大国、制造大国。这些问题不解决，国民经济就不能全面协调可持续发展，全面建成小康社会的目标也难以实现。以创新驱动作为强大引擎，充分发挥科技第一生产力和创新第一驱动力作用，以科技创新的新成果转变经济发展方式、提高社会生产力水平，以科技创新的新突破解决经济社会发展的新难题，这就成为我国的必然选择。无论是一个企业，一个地区，还是整个国家，都要以创新驱动作为强大动力，才能为经济社会发展注入新的活力，即以科技创新为强大支撑，依靠科技创新解决新问题、培育新产业、创造新需求，形成新亮点，促进经济社会全面协调可持续发展。

创新本身是可再生资源，是经济发展不竭的动力。自然资源是有限的，创新资源是无限的。因为创新是人们智慧的产物。从这个意义上说，创新是可再生资源，因此它是无限的。不断开发人的智力，就会不断产生新思想、新方法、新创意。这些新思想、新方法、新创意，应用到经济社会生活中，就会使经济转型升级，带来新兴产业和现代服务业发展。创新一旦成为经济发展的动力，就会源源不断，永远不会枯竭。

创新，尤其是技术创新可以产生高附加值，极大提高经济效益。所谓附加值是在商品的原有价值的基础上，通过智力创造的价值远远高于商品原有价值，即附加在商品原有价值上的新价值，高附加值商品是技术含量高的商品，也是"投入产出"比较高的产品。高附加值商品市场价格高，获利大。例如，普通机床附加值低，而通过微电子技术创新成为数控机床，其功能大大增强，价值可提高百倍。又如河砂，化学成分是二氧化硅，若作为建筑材料卖，几乎没有附加值，价格低廉，但通过技术创新从河沙中提炼出硅来加工成CPU，其价格提高几十几百倍，这就是高附加值产品。海尔集团CEO张瑞敏认为："一个企业能够提供给用户其他企业提供不了的产品附加值，所以用户才愿意多花钱买这个不同的产品，这是企业在做大规模的同时盈利的途径。"

简而言之，创新本身是可再生资源，创新又可以产生高附加值，极大提高经济效益，因此，创新可以驱动发展。福耀集团是创新驱动发展的一个典范。福耀集团全称福建耀华玻璃工业集团股份有限公司，1987年在福州注册成立，是一家专业生产汽车安全玻璃和工业技术玻璃的中外合资企业。2005年以来，福耀从设备、工艺、产品、技术研发等方面展开全面创新。福耀打破国际巨头垄断，成功研发镀膜热反射玻璃，可阻挡99%的紫外线、48%的红外线，透光率在75%以上；为世界顶级品牌宾利开发的前挡夹丝加热玻璃，可融化外界冰霜，内侧不产生雾气；为路虎研发的调光玻璃，通过遥控器可随意调节玻璃的透亮程度。截至2013年上半年，福耀已申请专利近300件，获得授权专利近200件。另外，从高价引进制造设备，到投巨资成立机械部，福耀的制造设备已实现完全自主研发。

现在，国内每三辆汽车中就有两辆使用福耀玻璃；全球市场占有率近20%；营业额从2001年的9亿元，增至2011年的9.6亿元。福耀集团从竞争激烈的全球玻璃业中创造出"中国第一、全球第二"的奇迹。福耀集团董事长曹德旺给出的答案，就是创新驱动。通过创新来驱动发展，并不是说，经济发展不需要要素和投资，而是说经济发展要由要素和投资驱动为主转向依靠创新驱动为主。因为，科学技术是第一生产力，是先进生产力的集中体现和主要标志。进入21世纪，新科技革命的迅猛发展，正孕育着新的重大突破，将深刻地改变经济和社会的面貌。信息科学和技术的发展方兴未艾，是经济持续增长的主导力量；生命科学和生物技术的迅猛发展，将为改善和提高人类生活质量发挥关键作用；能源科学和技术的不断突破，为解决世界性的能源与环境问题开辟新的途径。通过创新来驱动发展，才能实现国民经济全面协调可持续发展，早日建成全面小康的社会。

二、创新驱动发展的基本特征

创新驱动发展以追求创新作为国家发展的基本战略取向，以创新作为经济发展的主要驱动力，以企业作为科技创新主体，同时通过制度、组织和文化创新，积极发挥国家创新体系的作用，不断将经济推向高技术经济活动的轨道，从而使国家处在世界科技创新和经济发展的高端。虽然世界主要国家由于历史文化、经济体制及自然资源禀赋的不同而形成了不同的发展道路，但是这些国家创新驱动发展的过程存在一些共性，这些共性构成了创新驱动发展不同于"生产要素驱动发展"和"投资驱动发展"的基本特征。

（一）创新驱动发展的关键是深化改革

创新驱动发展，需要不断破除旧的体制机制作为保障。因此，充分释放创新驱动发展的活力，不断增强创新驱动发展的能力，关键在于深化改革，通过在重要领域和关键环节坚持不懈地改革，建立创新驱动发展永续实现的新体制、新机制，以构筑有利于创新驱动发展的制度环境。

（二）创新驱动发展是"依靠人"的发展

与"生产要素驱动"和"投资驱动"不同，"创新驱动"强调通过智力资源去开发丰富的、尚待利用的自然资源，逐步取代已经面临枯竭的自然资源，节约并更合理地利用已开发的现有自然资源。因而，在"创新驱动"发展阶段，"人的智力"成为第一生产要素，知识、信息等无形资产成为主要的要素投入。

（三）创新驱动发展是由企业家驱动的发展

经济发展是企业家不断开发新产品、引入新生产方式、开辟新市场、获取新原料和建立新组织结构的一个创造性破坏过程。经济的增长是来自创新而非科学发现或技术发明。企业家的作用正是选择和测试那些市场上需要的科学发现或技术发明，把它们从科技成果变成产业创新。因此，创新驱动发展是由企业家驱动的发展。

（四）创新驱动发展是"以人为本"的发展

经济发展，既包括经济量的增长，还包括社会经济结构的转换和人民生活水平的提高及质量改善。创新驱动发展不仅改变了过去那种以生态破坏和环境污染为代价的经济发展模式，也改变了过去那种以人民生活水平不能得到同步提高为代价的经济发展模式。创新驱动发展不仅仅是为了 GDP 数位的攀升，也不仅仅是为了综合国力的增强，更是为了"民生"的福祉。

（五）创新驱动发展是打造产业"先发优势"的发展

创新驱动发展的国家都积极通过科技创新，在关键产业、支柱产业、主导产业领域实施技术赶超和创新，建立强大的产业优势，使若干产业在世界处于领先地位，给经济增强带来强劲的动力，从而带动整个国家竞争力的提升。

三、实施创新驱动发展战略的基础与要求

（一）实施创新驱动发展战略的现实基础

1. 雄厚的经济实力为创新驱动发展奠定了基础

改革开放 40 多年来，我国的科技投入总额呈不断上升趋势。随着我国自主创新能力的大幅提升和科技事业的蓬勃发展，一些重大和关键领域取得了举世瞩目的巨大成就。我国已经进入工业化中后期阶段，拥有了较为完备

的产业体系和强大的制造能力，科技事业长足进步，在基础研究和高科技研究领域取得了一批重大成果，突破了一批关键技术。从"神舟"飞天到"蛟龙"入海，从高速铁路到量子通信，从超级杂交水稻到基因测序，都对我国经济社会发展产生了重大的积极影响，也为下一步实现创新驱动发展积累了基础。科技发展为经济发展、社会进步、民生改善、国家安全提供了重要支撑，整体水平已位居发展中国家前列，有些科研领域达到了国际先进水平。近几年，我国全社会研发经费每年以 20% 以上的速度递增。2012 年我国全社会的研发经费超过万亿元。2013 年，我国全社会研发支出达到 1 1906 亿元，占 GDP 比重达到 2.09%。2013 年，我国研发人员数量达 360 万人年，居世界第一位；我国研发人员总量约占全球总量的 18%，居世界第一位。我国企业研发投入占全社会研发总经费的 76%，与美国等发达国家的研发投入分布基本相同；国内有效发明专利达 59 万件，比上年增长 24%；国际科技论文数量稳居世界第二，被引用次数上升至第 5 位；全国技术合同成交额达 7469 亿元，年增长 16%。全国高技术产业主营收入突破 11 万亿元，同比增长 10%；45 岁以下中青年科研人员占研究队伍总人数已经超过 80%。

2. 国际金融危机为创新驱动发展提供了历史契机

国际金融危机之后，国内外环境发生了变化。研究表明，危机是加快推动自主创新的良好契机。最差的时机就是最好的时机，每一次大规模的经济危机都是全球技术创新的历史契机。熊彼特在对资本主义经济周期与三次产业革命中的技术创新进行比较研究后提出，技术创新是决定资本主义经济实现繁荣、衰退、萧条和复苏周期过程的主要因素。德国经济学家门施（G. Mensch）在《技术的僵局》一书中，利用现代统计方法，通过对 112 项重要的技术创新考察发现，重大基础性创新的高峰均接近于经济萧条期，技术创新的周期与经济繁荣周期成"逆相关"，因而认为经济萧条是创新高潮的主要推手，技术创新是经济发展新高潮的基础。历史实践也在一定程度上印证了上述理论研究成果。1857 年的世界经济危机引发了以电气革命为标志的第二次技术革命；1929—1933 年的世界经济危机中，美国和苏联抓住机遇大力发展航空航天技术、电子技术和核能技术，催生了第三次技术革命；日本在 1973—1975 年石油危机中，大力发展家电、汽车和微电子等技术，成为 20 世纪 70—80 年代与美国抗衡的经济强国；1985—1987 年爆发的经济危机引发了知识经济，产生了微软、英特尔等大型高科技企业，并借助金融创新，造就了一个新的技术革命，让每个人的桌面上都可以拥有一台个人电脑，给人类社会带来了巨大影响。20 世纪末，韩国在亚洲金融危机中受到重创，但由于大力推动互联网产业发展，只用了 3 年时间就实现了经济复苏。事实表明，经济危机往往是科技创新与产业革命的助推器。面对危机，正是科技上的重大突破和创新，一批又一批新兴产业在战胜重大经济危机的过程中孕育和成长，并以其特有的生命力成为新的经济增长点，推动经济结构重大调整，提供新的增长引擎，成为摆脱经济危机的根本力量，并在危机过后推动经济进入新一轮繁荣。

（二）实施创新驱动发展战略的基本要求

党的十八大明确提出"实施创新驱动发展战略"，这是继科教兴国战略和人才强国战略后，党中央做出的又一重大决策。实施创新驱动发展战略，要正确把握实施创新驱动发展战略的实质要求。

①实施创新驱动发展战略，必须把科技创新摆在优先发展的战略地位上。许多国家都将创新提升为国家战略，把科技投资作为战略性投资，大幅度增加科技投入，并超前部署和发展前沿技术及战略产业，实施重大科技计划，着力增强国家创新能力和国际竞争力。各国围绕科技创新的竞争与合作不断加强。我国虽然是世界第二大经济实体，但是，我国自主创新能力较弱，关键核心技术掌握少。面对机遇和挑战，我们应积极主动地实施创新驱动发展战略，提高自主创新能力。这就要求把科技创新摆在优先发展的战略地位上。科技发展决定我国的未来。党的十八大提出到2020年全面建成小康社会的宏伟目标。实现这一目标，必须把科技创新摆在国家发展全局的核心位置上，使科技创新真正成为我国经济社会发展的内生动力。党的十八大还报告提出，我国科技创新有"三步走"战略，到2020年要进入创新型国家，到2035年左右进入创新型国家前列，到2050年前后成为世界科技强国提供强有力的保障。

如今，世界上公认的有包括美国、韩国、日本在内的大约20个创新型国家。这些国家的共同特征是：科技创新对经济发展的贡献率一般在70%以上，研发投入占GDP的比重超过2%，技术对外依存度低于30%。对照这些标准，我国距离创新型国家的要求还较远，如我国技术对外依存度高于50%。要把我国早日建成创新型国家，就要更加自觉、更加坚定地把科技进步和创新作为经济社会发展的首要推动力量，把科技创新摆在优先发展的战略地位上。能否真正把科技创新摆在优先发展的战略地位上，早日把我国建设成创新型国家，直接关系到全面建成小康社会，直接关系到我国加快转变经济发展方式，直接影响到我国的国际地位和竞争力。

②实施创新驱动发展战略，应把科技创新作为经济发展内在动力。科技创新之所以成为经济发展内在动力。因为科学技术是第一生产力，科技创新

可以创造新的经济增长点，可以引领战略性新兴产业发展，可以促进产业转型升级，可以破解资源环境瓶颈的难题，可以大大提高国家核心竞争力。

2008 年金融危机爆发后，美国之所以能够经济复苏，因为当时奥巴马政府大力发展实体经济，大力促进新能源、新材料、新技术发展。这有力说明了科技创新是经济发展内在动力。金融危机爆发后，美国政府不但没有减少科技研发的投入，还特别提出将高科技作为带动经济复苏的发动机。美国一些高科技公司成了美国经济复苏中为数不多的亮点，如苹果公司，作为目前世界上最富有的工业巨头，正在以一种前所未有的影响力和创新力改变着 IT 产业的格局。同时，苹果的影响力也推动了美国经济的发展，并极大地减缓了美国国内的就业压力。2012 年 9 月美国苹果公司推出 iPhone5。这是一件让美国白宫、国会和美联储都一直难以做到的事情：提振美国经济。摩根大通首席美国经济学家夏埃尔·费罗利预计，新 iPhone 大卖，将为第四季度国内生产总值（GDP）年率化增幅贡献 0.25~0.5 个百分点。费罗利在发给客户的一份题为《小小手机能否影响 GDP?》的报告中，解释了上述结论的计算过程：摩根大通分析师预计苹果将在第四季度卖出约 800 万部新 iPhone，单价预计在 600 美元左右；除去进口零部件所花费的约 200 美元，每部新 iPhone 将为美国增加约 400 美元 GDP。后来事实的发展说明费罗利的预计是对的。2012 年苹果营业收入为 1565 亿美元，实现净利润 416 亿美元（2011 年，苹果公司总营收高达 1278 亿美元，净利润 330 亿美元），分别比 2011 年增加 22.4% 和 26%。

不仅如此，苹果还带动了一个全新产业链的形成。以苹果系统上最受欢迎的游戏软件"愤怒的小鸟"为例，这个小游戏目前在智能手机市场的下载量超过了 7 亿次，并已经应运而生了一个庞大的周边市场。据统计，"愤怒的小鸟"的毛绒玩具销量已经达到 500 万个。费罗利还指出，苹果手机的销售情况将对美国经济带来深远的影响。2011 年底，iPhone4S 的销售情况好于预期，成为美国零售销售增长的主要动力。减掉进口零件花费后，总销售额为 2011 年第四季度美国经济增长贡献了 0.1~0.2 个百分点。在过去的 10 年，苹果获得了 1300 项专利，相当于微软的一半，相当于戴尔的 1.5 倍。从 iPod、iMac、iPhone 到 iPad，苹果公司不断推陈出新，引领潮流。苹果也从最初单一的电脑公司，逐步转型成为高端电子消费品和服务企业。从苹果公司的发展历程来看，每一次的飞跃发展都是由创新带动的。

③实施创新驱动发展战略，首要任务是促进经济实力和社会生产力提升。一个国家的经济实力在很大程度上取决于这个国家的科技创新能力。实施创

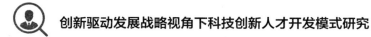

新驱动发展战略，能直接增强我国自主创新能力，从而促进我国经济实力和社会生产力提升。

通过创新驱动，打造一批在国际中有竞争力的产品和品牌。2012 年两会期间，商务部部长陈德铭回答中外记者的提问，披露我国出口产品的状况。目前，我国出口的产品主要是以中端为主、低端为次的。如果把世界产品的附加值和结构分成高、中、低三档的话，因为我们出口产品的 70% 以上是机电产品，出口的百分之六十几的产品是跨国公司的先进技术在中国制造的产品，故属于中端产品。我国出口产品还有一部分是劳动密集的产品，如服装、鞋帽、箱包等占了 20% 多。这说明我国出口产品发生可喜的变化，出口产品从低端为主向中端为主转变。但我国出口高端产品少，工业制成品科技含量不高且缺乏自主品牌。美国出口大多是高端产品，如集成电路芯片、软件、自动化装备等。因此实施创新驱动发展战略，首先，要依靠科技创新开发生产科技含量高的产品，打入国际市场。我国经济实力不强，也表现在我国缺乏世界知名品牌上。产品品牌竞争力对提升国际竞争力有至关重要的作用。2008 美国《商业周刊》杂志与国际品牌集团（Interbrand）共同发布 2008 全球最佳品牌排行榜，中国企业无一上榜。这说明目前我国缺乏国际知名品牌，国际影响力不足。我国为何缺乏国际知名品牌？主要原因是我国的企业缺乏核心技术。目前的一些大企业，基本上是依靠"国外的技术"加上"中国的市场和廉价劳动力"来做大的。比如联想电脑，核心技术基本上掌握在外国企业手中。从世界范围看，除了少数商业领域知名品牌不需要核心技术（如沃尔玛）外，绝大多数的国际知名品牌都要有核心技术支撑。实施创新驱动发展战略，就是要使企业掌握核心技术，从技术层面上培育企业的核心竞争力。打造国际知名品牌，需要从技术、管理、营销、人力资源等多方面下功夫。

通过创新驱动，可以实现产业结构优化升级。我国现有的产业结构不合理，主要表现为三大产业比重不合理，具体一点说，农业基础薄弱，制造业大而不强，高技术产业比重小，服务业发展滞后。2011 年三大产业增加值的比重为：第一产业占 10.12%，第二产业占 46.78%，第三产业占 43.10%。各类产业结构中也存在问题。我国农业产业结构存在的问题：农产品品种、品质结构尚不优化，农产品优质率较低；农产品加工业尚处在初级阶段，保鲜、包装、贮运、销售体系发展滞后，初级产品与加工品比例不协调。发达国家的农产品加工业产值与农业产值之比大都在 2：1 以上，而我国只有 0.43：1。我国制造业结构中，中低端制造业比重大，高端制造业较弱。我国经济增长主要依靠第二产业带动的格局没有根本性转变。我国服务业发展滞后，发达国家的第三产业比重在 70% 左右，大部分发展中国家在 50% 左右，而我国的第三产业比重长期徘徊在 40% 左右。

改变我国产业结构不合理，实现产业结构优化升级，必须通过创新来驱动。天津的发展就是很好的例证。天津依靠创新驱动，在产业结构优化升级上取得新进展。经国家统计局评估审定，2013 年天津全市生产总值达 14370.16 亿元，按可比价格计算，比上年增长 2.5%。分三次产业看，第一产业增加值达 188.45 亿元，增长 3.7%；第二产业增加值达 7276.68 亿元，增长 12.7%，其中工业增加值达 678.60 亿元，增长 12.8%；第三产业增加值达 6905.03 亿元，增长 12.5%，占全市生产总值的比重达到 48.1%。从上述统计数据不难看出，2013 年天津以服务业为代表的第三产业增速与天津 GDP 增速持平。第三产业增加值占 GDP 比重达 48.1%，高于全国平均水平。这是产业结构优化升级的好兆头。发生这种变化，主要靠创新驱动。2013 年天津建成全国首家 863 产业化促进中心、国家锂离子动力电池研究中心等创新平台，电动汽车、3D 打印等重大科技示范工程加快推进，全社会研发经费支出占生产总值的比重提高到 2.8%；实施新一轮科技小巨人发展计划，全年新增科技型中小企业 1.53 万家，累计达到 5 万家。通过创新驱动，实现产业结构优化升级，这是我国实施创新驱动发展战略的重要任务。我们一定要大力促进创新，努力发展现代农业，提高技术密集型产业占 GDP 的比重。另外，我们还要大力开发和使用经济上合理、资源消耗低、污染排放少、生态环境友好的先进技术培育高附加值的产业，如生物制药、信息技术、新能源等技术密集、知识密集产业，积极发展现代服务业，提高服务业增加值占 GDP 比重，实现产业优化升级。

通过创新驱动，也能实现能源资源节约和生态环境保护，增强可持续发展的能力。工信部部长苗圩在第三届绿色工业大会上表示，这几年，规模以上企业单位工业增加值能耗累计下降接近 30%，中国目前的总体能源利用率只有 33% 左右，比世界平均水平还要低，我国单位 GDP 能耗是世界平均水平的 2.2 倍、发达国家的 3~4 倍。中国政府已承诺，到 2020 年中国单位国内生产总值二氧化碳排放比 2005 年下降 40%~45%。"十二五"规划也已将单位国内生产总值二氧化碳排放下降 17% 等列入约束性指标。我国将通过加快产业结构调整、提升工业部门能源效率、推进绿色循环低碳生产方式等，发展清洁生产、绿色低碳技术和循环技术，提高应对气候变化的能力。强化节水、节材和资源综合利用，加快开发应用节能环保技术和产品，把节能环保产业打造成生机勃勃的朝阳产业，推进燃煤电厂脱硫改造 1500 万千瓦、脱硝改造 1.3 亿千瓦、除尘改造 1.8 亿千瓦。

④实施创新驱动发展战略，重在促进科技与经济紧密结合。科技与经济是紧密联系，互相依存，相互促进的。一方面，科技的进步为社会经济源源不断地创造新产品、新工艺，并由此带动新兴产业的兴起和发展，创造出新的可供人们利用的物质财富；另一方面，经济的发展为科技活动提供各种物质基础，并不断地为科技提供新的研究课题，从而引导着科技活动的方向。

　　但是，长期以来，我国的科技与经济严重脱节，科技成果无法很好地转化为现实生产力。全国人大代表、中国工程院院士、中星微电子有限公司董事长邓中翰在"两会"上说："最老大难的问题，是科技成果的转化应用。"邓中翰认为，科技和经济，常常是很难贴合在一起的"两张皮"。很多在实验室里做出的成果，也许能评上国家奖、拿到国家项目，但未必能用于实践。国家发改委副主任张晓强在2013—2014年中国经济年会上表示，中国的科技成果转化率仅为10%左右，远低于发达国家的水平。因此，推进创新驱动发展，就是要推动科技与经济社会发展更紧密的结合，使科技创新对经济社会发展的贡献率大幅上升。

　　为此，科技人员要从经济社会发展需求中找准科技创新主攻方向，又要把科技成果迅速转化为现实生产力。通过创新驱动，大幅度提高我国科技进步贡献率，使我国经济建设真正转移到依靠科技进步的轨道上来。目前根据科技进步贡献率的各种计算方法计算得出的结果差别不大，我国科技进步贡献率基本在50%左右，距离发达国家70%以上的贡献率差距很大。科技进步是广义的，但科技创新是科技进步的核心。创新驱动包括技术创新、体制创新、管理创新等，我们要通过多方面创新，推动科技与经济社会发展更紧密的结合。

　　⑤实施创新驱动发展战略，提高自主创新能力是根本。当今时代，科技在经济社会发展中的作用日益突出，国民财富的增长和人类生活的改善越来越有赖于知识的积累和创新。在这样的时代里，创新能力的高低决定了企业的生死存亡。2012年1月，全球胶片业昔日霸主美国柯达公司正式向纽约曼哈顿的破产法院提交了破产保护申请，这个有着131年历史的胶片业"百年老店"，终于在数字产业的强劲冲击下轰然崩塌。数码技术和数码产品的冲击是导致柯达破产的首要原因。柯达公司曾经在1975年就研发出世界上第一台数码相机，但公司决策层缺乏创新思维，开拓进取不足，对这一数字化技术没有足够的重视，没有花大力气将其做大做强。由于产品转型不坚决，错失了发展良机，公司开始停滞不前。从2003年开始，柯达销售利润急剧下降，甚至从2008年开始，柯达靠出卖专利来维持公司的运转，最终到2012年1

月公司再也维持不下去了。市场竞争是无情的，只有不断创新，才能成为市场竞争的胜利者。无论是企业，还是国家，自主创新能力都是至关重要的。自主创新能力是衡量一个国家综合国力的核心因素。我们只有拥有强大的自主创新能力，才能优化产业结构、转变经济发展方式，才能在国际竞争中把握先机，赢得主动。大量事实表明，关系国民经济命脉和国家安全的核心技术是买不来的，必须依靠自主创新。

⑥实施创新驱动发展战略，深化改革是重要动力。深化改革能极大增强科技创新活力，因而，深化改革是实施创新驱动发展战略的重要动力。深化改革要以 2012 年 6 月中共中央、国务院联合印发的《关于深化科技体制改革加快国家创新体系建设的意见》为指导通过深化改革，到 2020 年，我国要基本建成适应社会主义市场经济体制、符合科技发展规律的中国特色国家创新体系；原始创新能力明显提高，集成创新、引进消化吸收再创新能力大幅增强，关键领域科学研究实现原创性重大突破，战略性高技术领域技术研发实现跨越式发展，若干领域创新成果进入世界前列；优化了创新环境，提高了创新效益，相继涌现出了大批创新人才，广泛提高了全民的科学素质，大大提升了科技支撑引领经济社会发展的能力，深化改革要坚决扫除影响科技创新能力提高的体制障碍。

⑦实施创新驱动发展战略是一项系统工程。习近平总书记指出："实施创新驱动发展战略是一项系统工程，涉及方方面面的工作，需要做的事情很多。"因此，实施创新驱动发展战略要"抓好顶层设计和任务落实"。"自主创新、重点跨越、支撑发展、引领未来"是我国建设创新型国家的指导方针。其中，"自主创新"，就是从增强国家创新能力出发，加强原始创新、集成创新和引进消化吸收再创新；"重点跨越"，就是坚持有所为、有所不为，选择具有一定基础和优势、关系国计民生和国家安全的关键领域，集中力量、重点突破，实现跨越式发展；"支撑发展"就是从现实的紧迫需求出发，着力突破重大关键、共性技术，支撑经济社会的持续协调发展；"引领未来"，就是着眼长远，超前部署前沿技术和基础研究，创造新的市场需求，培育新兴产业，引领未来经济社会的发展。这一方针是我国半个多世纪科技发展实践经验的概括总结，是实施创新驱动发展战略的重要思路，实施创新驱动发展战略要处理好方方面面的关系，如处理好"政府和市场的关系""技术引进和自主创新的关系"等。这是把握创新驱动发展战略是一项系统工程的基本原则。

我国正处于全面建成小康社会的关键时期，处在工业化、信息化、城镇化、农业现代化加速发展的重要阶段，已初步具备支撑经济又好又快发展的诸多条件。我们一定要充分利用这一良好时机，提高自主创新能力，促使经济发展由主要依靠资金和物质要素投入向主要依靠科技进步和劳动力素质提高转变，促使经济发展更加依靠科技创新，使科技创新成为推动我国经济更好发展的强大力量。由此可见，实施创新驱动发展战略是我国立足现实、面向未来、实现中华民族伟大复兴的重要抉择。

第二章　创新驱动发展战略与国家创新体系建设

21世纪，科技发展日新月异。在世界新一轮科技革命推动下，知识在经济社会发展中的作用日益突出，国民财富的增长和人类生活的改善也有赖于知识的积累和创新。科技竞争成为国际综合国力竞争的焦点。我国把科技创新摆在国家发展全局的核心位置。本章主要从实施创新驱动发展战略以及我国国家创新体系建设方面进行系统性分析。

第一节　实施创新驱动发展战略势在必行

一、实施创新驱动发展战略的主要原因

当前，我国正处于国家发展的紧要关头，国内外经济社会环境更加复杂多变，加快推进全面创新既是当前推进供给侧结构性改革、促进经济行稳致远和提质增效升级的重要引擎，也是进入创新型国家行列、全面建成小康社会、建设现代化强国的关键所在。我国经济发展正面临近年来少有的复杂局面，这不仅是后危机时期我国经济短期不稳定的集中表现，更意味着我国经济的基本面发生了历史性变化，已经进入了速度变化、结构优化、动力转换的"新常态"。传统要素红利和"三驾马车"动力减弱，潜在经济增长率下降，产能过剩、资源浪费、环境污染等现象非常严峻，这些问题不以人的意志为转移，且成因复杂，相互影响。因此"新常态"绝不是暂时性现象，而是今后相当长一段时期内我国经济发展的主要特征。"新常态"具有的长期性和复杂性的特点决定了任何单一的短期措施都难以取得效果，需要更加综合全面施策，特别是要围绕供给侧结构性改革，大力推进以科技创新为核心的全面创新，加快形成创新引领的经济发展方式。

（一）投资为主的驱动发展模式难以为继

改革开放以来，我国经济快速增长。1978年我国GDP达3645亿元，2018年GDP达900309亿元。我国人均GDP由1978年的不足225美元上

升至 2018 年的 67451 美元。人均国民收入步入了中上收入国家行列。1978 年我国外贸进出口总值为 206 亿美元，2018 年我国外贸进出口总值达 4.62 万亿美元。我国是全球制造业第一大国。我国制造业产出占世界比重约为 20%，超过美国成为全球制造业第一大国。在世界 500 种主要工业品中，我国有 220 种产品产量居全球第一位，其中粗钢、水泥、精炼铜、船舶、计算机、空调、冰箱等产品产量都超过世界总产量的一半。毋庸置疑，经过 40 年的高速发展，我国经济已取得举世瞩目的成就，经济总量居全球第二。拉动我国经济的"三驾马车"是投资、外贸出口及内需。然而，这"三驾马车"并不是均衡的，甚至不能算是协调的。在近十几年里，我国经济的高速发展主要依靠投资和外贸出口来拉动，而内需不足。种种事实表明，投资为主的拉动发展模式已到尽头。

1. 国内产能严重过剩

产能又称生产能力，主要包括两个内容，一是现有生产能力，二是在建生产能力。产能过剩表现为生产能力的总和超过消费能力的总和。据国家统计局 2019 年 1 月 21 日数据分析，2018 年，全国工业产能利用率为 76.5%。其中煤炭开采和洗选业产能利用率为 68.5%，食品制造业产能利用率为 74.3%，黑色金属冶炼和压延加工业产能利用率为 77.7%，电气机械和器材制造产能利用率为 78.3%，有色金属冶炼和压延加工业产能利用率为 77.8%，通用设备制造业产能利用率为 79.9%，汽车制造业产能利用率为 77.9%，计算机、通信和其他电子设备制造业产能利用率为 80.3%。这些行业有的利润已经在下滑，但还在继续投资建设项目，导致产能过剩越来越严重。

目前，市场恶性竞争不断加剧、众多企业纷纷经营困难、失业率加大、银行负债越来越多以及社会资源浪费加剧和生态环境恶化日益明显，这些问题出现的根源就是产能严重过剩。它不仅危及经济健康发展，而且对民生改善和社会稳定大局起着重要影响。为了化解产能严重过剩问题，我国下达了多个工业行业淘汰落后产能目标任务。其中，炼铁 1000 万吨，炼钢 780 万吨，水泥（熟料及磨机）2.19 亿吨，平板玻璃 4700 万重量箱，造纸 970 万吨，印染 28 亿米，铅蓄电池 2000 万千瓦时。我国出现产能严重过剩的原因是多年来投资持续过快增长，导致产能扩张速度远远超过需求增加速度。

与此同时，我国正处于工业化、城镇化的发展阶段，一些企业过于依赖市场，对市场预期期望值过高，盲目投资；还有一些行业缺乏创新能力，经济发展方式粗放，形成了行业无序竞争的严重现象；一些地方领导者急于冒进，追求政绩，通过低价出地、税收减免、低成本配置资源等方式招商引资，过分依赖投资拉动，片面强调 GDP，使得产能扩张呈加剧之势，从而造成产能严重过剩的局面。

2. 外商投资的转移

在我国，投资很重要的来源是外商投资。改革开放初，我国劳动力成本低，吸引大量外资来我国投资办企业。传统经济理论指出，为了从新的投资机会中寻找更高的投资回报，国际资本将从资本充裕国流入缺乏资本的国家，这种资本的再分配将促进资本接受国的投资，并且带来巨大的社会利益。对于外国投资方而言，国内市场饱和，利润率比较低，急于开拓海外市场，通过资本输出，谋取资本有效运营，因而外资进入我国的目标必然为高额利润和占领我国市场。外方赖以实现这样目标的资源有雄厚的资本和先进的技术。其选择的战略也就是以资本换利润，以技术换市场。此外，对于外商投资者而言，由于单个的投资金额往往很大，所以也很难执行分散投资策略以降低系统风险。流动性低以及分散投资困难等特性，决定了外商投资比其他投资方式具有更多的风险。因此，根据"风险越大，要求收益率越高"的基本准则，外商投资者通常会要求投资项目的资金回报率比那些股票等资产组合投资的回报率要高。

近年来我国劳动力成本不断攀升，廉价劳动力优势不复存在，外商纷纷把资本转移到东南亚，转移到比我国劳动力更为廉价的国家，如韩国三星电子。三星电子依靠雄厚的技术基础以及我国廉价充沛的劳动力，成就了在全球智能手机市场上的霸主地位，但由于高端手机的销售增长趋缓，加上我国人力成本的不断攀升，三星电子正加速将生产基地迁往越南，通过更廉价的劳动力来获取预期的利润。除了韩国三星电子要把资本转移到东南亚，其他外资公司也有类似的行动。

3. 增加了经济运行的风险

如前所述，以投资为主的拉动发展，致使产能过剩，已经造成行业、企业效益急剧下降，资本回报率下降。一些行业产品价格大跌，效益大幅滑坡，甚至出现亏损，从而增加了经济运行的风险。同时也有一些行业产品因产能过剩及需求增长的放慢，产销率下降，库存增加，成本上升。产能过剩的发展还会导致银行不良资产明显增加，金融风险增大。解决产能过剩问题的根本途径是创新，如突破核心关键技术，加快企业转型和产业升级；提高产品质量，明确产品标准；以技术为核心要素，提升市场竞争力；落实实施技术改造，推广更加节能、安全、环保的钢铁、水泥及平板玻璃工艺技术。

（二）过度依赖出口出现的问题

改革开放之初，一方面，我国需要大量的外汇到国际上购买我国极其短缺的物资和技术设备等；另一方面，我们国家又严重缺少外汇，只能依靠出口商品来赚取外汇。因此，改革开放以来，我国一直鼓励出口，而出口也的确发挥了拉动国家经济增长快速的火车头作用。在过去 40 年里，我国的国际贸易增长率都高于 GDP 的增长率。大致来说，我国的实际 GDP 年增长率在 10% 左右，出口实际年增长率在 115% 左右。结果是，国际贸易占 GDP 的比重大幅攀升。过度依赖出口的拉动模式产生许多矛盾和问题。

1.2018 年中国进出口数据统计

据相关数据统计，2018 年我国外贸进出口总值达 4.62 万亿美元，增长 12.6%。其中，出口达 2.48 万亿美元，增长 9.9%；进口达 2.14 万亿美元，增长 15.8%，进口额首次突破 2 万亿美元。按人民币计，2018 年我国进出口总值达 30.51 万亿元人民币，比 2017 年增长 9.7%。其中，出口同比增长 7.1%，进口同比增长 12.9%。

中美贸易方面，2018 年我国对美国出口 4784 亿美元，同比增长 11.3%。海关总署新闻发言人、统计分析司长李魁文称，2018 年进出口数据有以下几个方面的特点。

① 2018 年度进出口总值再上新台阶。2018 年超过 30 万亿元，比 2017 年的历史高位多 2.7 万亿元。

②一般贸易进出口快速增长，比重上升。与 2017 年相比，贸易方式结构有所优化，2018 年，我国一般贸易出口达 17.64 万亿元，增长 12.5%，占我国进出口总值的 57.8%，比去年提升 1.4 个百分点。

③我国对前三大贸易伙伴进出口增长，比重上升。2018 年，欧盟、美国和东盟是我国前三大贸易伙伴，我国对欧盟进出口增长 7.9%，对美国进出口增长 5.7%，对东盟进出口增长 11.2%。

④民营企业进出口增长，比重提升。与 2017 年相比，2018 年民营企业进出口占我国进出口总值的 39.7%，比去年上升 1.1 个百分点。2018 年，我国民营企业进出口达 12.1 万亿元，增长 12.9%。与此同时，外商投资企业进出口达 12.99 万亿元，增长 4.3%；国有企业进出口达 5.3 万亿元，增长 16.8%。其中，我国民营企业对外贸进出口增长贡献率超过 50%，是我国外贸发展的一大亮点。

2. 过度依赖出口对我国的影响

（1）不利于我国经济稳定增长

我国对外依存度占国内生产总值的比重过高，这使众多外向型企业过度依赖需求疲软的国际市场，进而给经济持续稳定增长带来不利影响，也增加了经济风险。所谓对外依存度，通常指一个国家进出口贸易总额与其国内生产总值或国民生产总值之比，用来体现一国对国际贸易的依赖程度。对外依存度越高，表明了该国对外贸易的依赖程度越高，同时也表明了对外贸易在该国的国民经济中的地位也就越高。我国作为转型时期的发展中大国，对外贸易依存度逐年提高。2001年我国加入世贸组织后，参与经济全球化的程度日益加深，对外贸易依存度呈现大幅度攀升的态势。我国对外贸易依存度达60%。在金砖四国中，印度对外贸易依存度约17%，巴西约20%，俄罗斯约48%。相比较之下，我国对外依存度过高。对外依存度过高，也会带来经济风险。欧盟一旦对我国光伏产品征收惩罚性关税，必将导致大批光伏企业破产，这将给我国造成超过3500亿元的产值损失，超过2000亿元的不良贷款风险和超过50万人的直接人口失业。又如2008年金融危机爆发时期，仅2008年上半年，我国就有6.7万家中小企业倒闭，作为劳动密集型产业的代表，纺织中小企业倒闭超过1万多家。在河南遂平，全国最大的塑料厂强塑胶有限公司倒闭，两万多人不得不重新踏上漫漫再就业之路。同时，我国作为出口大国，大都以低端、低价格产品开拓国际市场。我国所出口的主要是技术含量低的劳动密集型产品。这些产品之所以能够占领欧美市场，靠的是产品价格低廉。生产这种低廉价格的产品又是以消耗国内自然资源和环境破坏为代价的，而且大量的出口其实是外资创造的，占了70%，外资把我国作为生产加工基地。外资把既消耗资源，又对环境构成威胁，利润又少的产品生产都转移到发展中国家去，而我国就是他们的首选。

（2）增加财政负担、引发通货膨胀和加大外汇风险

首先，我国企业的出口产品，一是通过出口退税的方式对出口产品进行财政补贴；二是通过亏损补贴的方式对企业发放。这些补贴都是由国家财政来支付的，这就增加了财政负担。其次，我国企业出口了商品，获得美元后，按规定要交中央银行兑换成人民币，美元变成了国家的外汇储备，而企业将换来的人民币在国内使用。以当前我国外汇储备3.3万亿美元计，增发的人民币大约为20万亿人民币。这20万亿就要瓜分国内现有的商品，货币总量的增加，必须有相等的商品总量的增加作基础，一旦增发的货币买不到相应的商品，就会造成通货膨胀。再次，在我国外汇储备中，美元资产比重大，致使美国经济、政策的变化直接影响我国外汇储备资产的安

全性和流动性，加大外汇储备风险，使得我国外汇储备的安全在很大程度上受制于美国。事实说明，以出口驱动为主的经济增长困难重重，也不利于我国经济稳定增长。解决过度依赖出口拉动的问题，应采取有效措施，增加国民收入，扩大内需，刺激需求消费。同时，依靠创新驱动，调整产业结构，发展战略性新兴产业，降低对外依存度。

（三）生态环境面临危机

我国经济发展突飞猛进，但传统的经济发展方式，使我国的资源环境付出了沉重的代价，生态环境面临危机。

1. 传统的经济发展方式使我国环境恶化

我国在2013年遭遇历史上最严重的雾霾天气，全国平均雾霾天数达52年之最，波及25个省份，100多个大中型城市，全国平均雾霾天数达29.9天。中东部地区大部分站点PM2.5浓度超标日数达到25天，有些地区的PM2.5达到五年来最高值。白天能见度不足几十米，中小学生停课，航班停飞，高速公路封闭，公交路线暂停营运。全国多地持续大范围雾霾的原因，一是由于大气污染物排放负荷巨大，2018年，我国二氧化硫和氮氧化物排放分别占全国排放总量的13.7%和9.1%，仍居世界高位，冬季取暖时北方大部分地区燃煤量大幅增加，导致大气污染物排放量急剧上升；二是机动车污染问题更加突出，目前，我国汽车保有量超过1亿辆，一亿辆机动车排放的氮氧化物约占全国排放总量的四分之一，大中城市空气污染的重要来源是汽车尾气排放。研究表明，在城市大气中，80%至90%的一氧化碳、70%至80%的碳氧化合物和50%的碳氮化物来自汽车排放。

雾霾出现的深层原因，一是我国粗放型经济发展方式所为，以高消耗、高污染为代价的粗放型经济发展方式、不尽合理的产业布局，产生了大量的大气污染物；二是能源结构不合理。燃煤排放仍是造成大气污染的最主要原因。长期以来，煤炭在我国能源消费中的比重为70%左右，清洁能源比重偏低。中科院大气物理研究所科技人员对北京地区PM2.5化学组成及来源解析发现，北京PM2.5有6个重要来源，分别是土壤尘、燃煤、生物质燃烧、汽车尾气与垃圾焚烧、工业污染和二次无机气溶胶，这些源的平均贡献分别为15%、18%、12%、4%、25%和26%。如果将燃煤、工业污染和二次无机气溶胶三个来源合并起来，化石燃料燃烧排放就成为北京PM2.5污染的主要来源。2018年，我国煤炭消耗量超45亿吨，产生的大量污染物对大气环境造成巨大压力，如作为钢铁大省的河北也是能量消耗大省，截至2018年底，全省有冶炼能力的钢铁企业共计 108 家，产能、产量均占全国的四分之一，所以河北成为雾霾重灾区。

环境污染问题，还表现在水污染和其他方面污染。据新华网报道，我国对 118 个城市进行监测，数据结果表明，遭受严重污染的城市地下水约占 64%，轻度污染的地下水占 33%，只有 3% 的地下水属于基本清洁。我国七大水系的污染程度依次是辽河、海河、淮河、黄河、松花江、珠江、长江，其中 42% 的水质超过 3 类标准（不能做饮用水源）。在我国，饮用符合我国卫生标准的水比例只有不到 11%，而饮用浑浊、苦碱、含氟、含砷、工业污染、传染病的水比例却高达 65%。

2. 传统的经济发展方式使我国资源难以支撑

据预测，到 2020 年我国石油需求总量可能超过 7 亿吨，其中三分之二都需要依靠进口。随着石油进口量持续攀升，我国不得不在进口石油上付出更多的外汇。我国铜矿进口量占世界铜进口总量的 40%，我国铁矿石对外依存度也高达 60% 以上，此外，我国铝要进口 50%，铜要进口 70%。依据这样的粗放发展，我国的资源难以支撑。

我国不仅矿产资源短缺，水资源短缺也令人担忧。我国是世界上 13 个缺水国家之一，全国 600 个城市中有一半的城市存在缺水现象。我国人均水资源为 2100 立方米，是世界平均水平的四分之一。我国已经成为全球水资源短缺和水源污染问题最严重的地区。由于水资源短缺与过度开发及水源污染问题加剧，我国供水安全保障面临严峻挑战。

以上事实说明，传统的经济发展方式带来高能耗、高物耗、高排放和高污染的恶果，使我国发展付出的代价过高。这种情况不能再延续下去，从我国发展战略全局看，只有实施创新驱动发展战略，大力发展绿色经济、低碳经济和节约型经济，走新型工业化道路，调整经济结构，转变经济发展方式，才能有效缓解能源资源和环境的瓶颈制约。创新驱动可以在减少资源和环境污染的基础上实现经济可持续发展。

（四）掌握的核心技术少

1. 对外依存度高，技术自给率低

我国技术依存度高达 50% 以上，技术依存度是反映一个国家对技术引进依赖程度的指标，是衡量创新型国家的主要指标之一。著名经济学家、中共中央政策研究室经济局局长李连仲甚至认为，我国的技术对外依存度是 60%。对外技术的依赖已经成为当前我国许多行业自主创新能力提高的

重要瓶颈，而美国、日本对外技术依存度仅为5%左右。世界银行报告披露，中国的信息化建设对国外技术依赖过大，面临"技术陷阱"。由于中国缺乏自主创新技术，被动高价引进国外信息技术，国外先进水平的差距在拉大。我国对外技术依存度高，这与长期以来我国实施大规模的技术引进战略有直接关系。改革开放之初，为迅速提高我国生产力水平，缩小与发达国家差距，我国大量引进国外先进技术，这是十分必要的。它奠定了工业化基础，我国在较短时间里，提高我国生产技术水平。但是，由于"重引进、轻吸收"，我国的自主创新能力没有得到有效提升，也使我国养成了依赖国外技术的习惯，从而，我国的对外技术依存度一直居高不下，关键是技术自给率低。

目前，西方发达国家掌握了世界绝大部分的核心技术。全球有86%的研发收入、95%的研究发明专利掌握在发达国家手中，而我国自主创新能力低，掌握的核心技术少。长期以来，我国主要靠劳动力、土地、资源等生产要素的低成本比较优势地参与国际分工和竞争，而不是依靠高技术实力，这就造成了我国在世界产业分工链条中处于低端位置的状况。

长期以来，我国一直是核心技术靠引进，高端产品靠进口。具体一点说，不少高技术含量和高附加值产品和设备主要依赖进口，一些成套设备、关键的零组件、关键材料也主要依赖进口。工信部有关人员举例："我们的电子制造业世界第一，一年生产10亿部手机，7亿台电脑，1亿多台彩电，但高端芯片80%依靠进口；每年花的外汇达上千亿美金，和进口原油差不多。航海航空有了进步，水平也很高，但是发动机还要依靠国外的专利，高铁取得了举世瞩目的成就，但是轴承、轮毂、轴还要进口。"正是缺少核心技术和关键设备，我国很多产业受制于人。在经济全球化时代，一个国家自主创新能力弱，掌握核心技术少，就只能在世界产业分链条中处于低端位置。解决这一问题，必须加快我国自主创新能力的提升。

2. 信息核心技术掌握少，严重影响我国安全

改革开放后，我国成为世界经济大国。西方国家竭力遏制中国，对我国进行高技术封锁。这就逼着我国着力推进科技创新。西方国家一直把我国视为强大的竞争对手，因此，在对待我国高技术的出口问题上，西方国家始终采取限制的态度。美国对160多个国家放宽了出口限制，但唯独对我国加强出口限制。美国始终限制对我国的高科技产品出口。在当今世界政治经济格局中，由于我国与西方发达国家在意识形态和社会制度上完全不同，西方发达国家始终把我国视为威胁其发展的力量。

因此，我国不可能从发达国家买到大量急需的重大关键技术。我国买不来一个现代化，也买不起一个现代化。我国作为发展中国家，掌握核心

技术，拥有属于我国的自主知识产权，是当下必不可少的任务。我国只有实施创新驱动发展战略，提高自主创新能力，依靠自身力量攻克核心技术，才是正确的选择。

二、实施创新驱动发展战略的必要性

（一）新一轮变革的不确定性

国际金融危机以来，世界各国都把"创新"作为国家的重要战略之一，我国也不例外。不断加强科技创新，抓住机遇，迎接挑战，积极落实创新驱动发展战略，从而提升我国的综合实力。只有实施驱动发展战略，才能使社会主义市场经济体制不断完善。新一轮的变革存在不确定性，这一轮变革是科技与产业两方面的快速迭代，就出现了技术路线的多变性，再加上市场的影响力，商业模式的不确定性，这些不确定性累积到一起，很可能对全球产业体系产生巨大的影响。

在产业变革进程中，如果出现重大技术突破，比如新技术曲线替代旧曲线，即技术轨道的跳跃，将为后发国家提供实现跨越追赶的重要机会窗口；但是一个国家、地区或者企业如果只是等待技术轨道变迁机会的出现，而不重视自身创新能力的提升，则可能会掉进追赶陷阱。从发展实践看，随着创新形态日益多样化，技术创新与商业模式创新、服务创新等紧密结合，正在不断催生新技术、新产品和新产业，可为我国跨越追赶提供更多的战略机会。

因此，我国不仅要不断加强新兴产业发展需要的关键共性技术研发，同时还需要充分发挥制度、市场、服务、金融、商业模式等创新的重要作用，发动千军万马的企业去闯、去实验，为各类新技术新产品的加速应用创造条件，为我国有效应对产业变革的冲击，加速赶超引领的步伐提供更加多样化的路径选择。

（二）现代化发展的全面性和紧迫性

我国现代化建设正处于一个关键时期，人均 GDP 超过 8000 美元，我国已属于中高收入水平国家，在迈向高收入国家的进程中还需要面临重大挑战。

只有以科技创新为核心，理论创新、制度创新、文化创新等各类创新共同发力，突破国家发展的能力瓶颈和制度约束，培育形成新的发展方式，更好发挥创新作为引领发展第一动力的重要作用，才能使我国顺利跨越中等收入陷阱，迈入高收入的国家行列。

改革开放以来，我国从国情出发，发挥自己的优势，选择了与我国发展阶段相适应的发展模式，那就是以投资为主的拉动发展模式。实践证明，拉动发展模式确实使我国进入了中等收入国家行列。但是我国人口众多，加上资源环境的约束，以投资为主的经济发展模式已到尽头。我国若想从中等收入国家迈向高收入国家行列，应随着发展阶段及时转变经济发展模式，避免落入中等收入陷阱，坚持可持续发展，实施创新驱动发展战略，加强科技创新，来应对现代化发展的全面性和紧迫性。

三、实施创新驱动发展战略的意义

（一）战略意义

改革开放以来，我国进入发展新阶段，继续发挥劳动力和资源环境的低成本优势已经行不通，我国经济要想快速发展，应从低成本优势向创新优势转变。因为技术创新优势可持续，而且不易模仿，实施创新驱动发展战略，为我国经济可持续发展提供强大动力，对我国形成国际竞争新优势、增强发展的长期动力具有战略意义。

（二）现实意义

①提高经济增长的质量和效益、加快转变经济发展方式。

②放大各生产要素的生产力，提高社会整体生产力水平。

③坚持走中国特色自主创新道路，将创新转化为生产力，全面实施创新驱动发展战略，有助于实现"两个一百年"的奋斗目标，实现中华民族伟大复兴的中国梦。

④有助于改革红利模式。

（三）长远意义

中国经济发展的必然结果就是创新驱动，对于刺激中国内生创新力和外在保障力具有积极意义。在实施创新驱动发展战略过程中，既需要创新主体和客体的多向支撑与保障，更需要不断优化创新的生态环境。为此，构建集市场、知识、要素、产业、管理于一体的生态化整合体系，对于培育从要素驱动、投资驱动向创新驱动转变，促进五大发展理念相协调的系统性环境的生成意义重大。

四、我国具备实施创新驱动发展的基础和优势

（一）我国经济实力不断提高，有一定的物质保障

新中国成立 70 多年来，特别是改革开放以来，我国经济社会持续快速发展，经济发展水平和实力大大增强。经过改革开放，社会主义市场经济体

制初步建立，市场经济体系逐步成熟。目前我国研发投入总额跃居世界高位，具备进行经济增长升级转型的基础实力。更为重要的是，我国高度重视建设创新型国家，初步建立了财政科技投资不断增长的机制，借助政府投资对全社会投资的带动效应，引导和带动社会资本对高科技创新企业的投资。今后一段时期，科技增长将更为迅速。

（二）科技人力资源丰富，研发低成本优势明显

改革开放以来，我国就开始加强人才培养，经过十年的高等教育产业化历程，目前我国形成了一大批高素质、低工资的科技人力资源队伍，为建设创新型国家提供了人才保障。同时，研发的低成本优势有利于吸引国外研发投资的转移，整合和利用国际创新资源。

（三）国内市场巨大，提供市场需求动力

我国拥有 13 亿人口，国内市场容量巨大，不同地域和不同领域的市场差异较大，这不但对各种自主创新活动有需求拉动作用，而且还可以为深入实施创新驱动发展战略提供较大的市场空间。

第二节　我国国家创新体系建设

一、我国国家创新体系的发展历程

（一）改革开放前期（1949—1978 年）

"政府主导模式"是政府作为资源投入主体直接管理和决策的一种模式，计划体制下的创新动机源于政府所认为的国家经济和社会发展及国防安全需要。

这一模式在短时间内有利于高效率的集中人力、财力和物力，研究创新活动，"两弹一星"就是该模式下创新成功的例子。但是，随着时间发展，这一模式的弊端也逐渐显现。一是有关管理者缺乏创新动力；二是创新主体和本身利益与风险没有直接的关联；三是无法保证科技决策的时效性。

（二）改革开放初期（1978—1992 年）

"复合模式"即在传统的计划体系下逐步引入竞争方式和手段。

计划与市场相结合的复合模式是这一时期国家创新体系的突出特点。在"政府主导模式"的基础上，发挥市场功能，有利于发挥国际竞争优势，拉动创新需求，但是并没有从根本上解决深层次矛盾问题。一是政府宏观调控

能力仍需加强；二是创新主体需要抓紧时间确立；三是科技研发、科技人才及资金投入方面还需要积极探索。

（三）1992年至今

通过改革开放前期的"政府主导模式"和改革开放初期的"复合模式"，1992年至今这一时期的国家创新体系主要汲取经验，不再单一地注重科技领域内部结构，而是将建设中心转向科技与经济、社会之间的相互联系和影响：一是初步建立以企业为主体、市场为导向的科技创新体系和科学研究与高等教育二者相结合的知识创新体系；二是加强企业创新功能；三是创新体系中的中介机构等新组织的出现，加快了创新成果的进程；四是社会化、网络化的科技中介服务体系初步建立。

二、我国国家创新体系建设的确立

全国科学技术大会上，相关领导人将自主创新作为国家战略，上升到国家意志。在2006年2月9日，国务院发布了《国家中长期科学和技术的发展规划纲要（2006—2020年）》（以下简称《纲要》），对我国科学和技术的发展做出了全面的规划与部署。

（一）2020年科学发展的总体目标

《纲要》把提高自主创新能力摆在全部科技工作的首要位置，明确指出，2020年，我国自主创新能力、科技促进社会发展能力、保障国家安全能力要显著增强，为实现全面建设小康社会提供助力；2020年，我国要力争科技进步贡献率在60%以上，对外技术依存度在30%以下。

（二）深化体制改革的目标及指导思想

推进和完善国家创新体系建设是深化科技体制改革的目标。国家创新体系是在政府为主导的基础上、充分发挥市场配置资源、各个科技创新主体的有效互动和有机结合的社会系统。

深化科技体制改革的出发点是服务国家目标和调动广大科技人员的积极性和创造性，深化科技体制改革的重点是促进全社会科技资源高效配置和综合集成，深化科技体制改革以建立企业为主体、产学研结合的技术创新体系为突破口，全面建设中国特色国家创新体系。这是深化体制改革的指导思想。

三、我国国家创新体系的构成

①以企业为主体的技术创新体系。

②科学研究与高等教育有机结合的知识创新体系。

③军民结合、寓军于民的国防科技创新体系。

④各具特色和优势的区域创新体系。

⑤社会化、网络化的科技中介服务体系。

四、国家创新体系的系列制度建设

（一）立足国情和实际需求，完善国家创新体系

①从我国国情出发，在实际需求的基础上，规划了 11 个社会经济发展的重点领域。

②跟随国家目标，实现跨越式发展，挑选重点战略产品作为专项研究。这些专项研究涉及水体污染控制与治理、核心电子器件、重大传染病防治、大型飞机迫切需要解决的资源环境和人类健康的重大难题以及国防技术。

③抓住机遇，迎接挑战，提前安排前沿技术的基础研究，加强创新能力，促进经济社会发展。

④不断完善体制改革，落实政策措施，加强人力资源队伍建设。

为了配合以上措施，还制定了相应的财政政策。

第一，激励企业技术创新的财税政策。

第二，自主创新的政府采购政策。

第三，促进创新创业的金融政策。

第四，扩大国际和地区科技合作与交流。

第五，提高全民族科学文化素质，营造有利于科技创新的社会环境。

（二）为保证纲要任务的实施，制定的相关政策

1. 科技投入

①增加科技投入。

②调整财政科技投入结构。

③保证财政科技投入稳定增长。

④发挥财政资金对激励企业自主创新的引导作用。

⑤统筹落实专项经费，切实保障重大专项的顺利实施。

2. 税收激励

税收激励政策落实需要一个长期的过程，所以企业应熟悉现有的优惠措

施，并结合企业实际情况选择与之相适应的政策。

①投资国家重点扶持的行业，"产业优惠为主，区域优惠为辅"，采取普适性优惠。

②完善高新技术企业发展税收政策。

③选择给予税收优惠的地区，部分地区可以为企业节约税收支出，促进企业的发展。

④促进科研机构发展，根据实际需求加以完善。

⑤企业运营过程中重视税务筹划，企业享受优惠政策的产品分开核算，达到降低税负的目的。

⑥提高立法层级，完善我国创新税收法律体系。

⑦支持投资企业创业的发展，放宽小微型企业所得税优惠适用主体。

3. 金融支持

加强政策性金融对自主创新的支持；引导商业金融支持自主创新；改善对中小企业科技创新的金融服务；建立支持自主创新的多层次资本市场；支持开展对高新技术企业的保险服务；完善高新技术企业的外汇管理政策。

4. 政府采购

①建立财政性资金采购自主创新产品制度，用这笔资金进行采购时，必须优先购买目录内的产品，如果不按要求采购自主创新产品的，财政部门不予支付资金。

②在政府采购评审方法中，考虑自主创新。

③建立激励自主创新的政府首购和订购制度。

④建立本国货物认定制度和购买外国产品审核制度。

5. 引进消化吸收再创新

①加强对技术引进和消化吸收再创新的管理。

②鼓励引进国外先进技术，定期调整鼓励引进技术目录；限制盲目、重复引进。

③支持企业消化吸收再创新，政府应把消化吸收再创新形成的新装备和产品列入优先采购范围。

④国家对订购和使用国产首台（套）重大装备的重点工程，要优先安排。

⑤支持产学研联合。

6. 创造和保护知识产权

①国家应掌握关键技术，保护自主知识产权，对研制的技术和产品进行

支持，企业在国际贸易与合作方面也离不开国家的扶持，这样才能成为具有自主知识产权及国际竞争力的强势企业。

②积极参与制定国际标准，支持企业、社团自主制定和参与制定国际技术标准，鼓励和推动我国技术标准成为国际标准。

③切实保护知识产权，建立健全知识产权保护体系，加大保护知识产权的执法力度，营造尊重和保护知识产权的法治环境。

④缩短发明专利审查周期，提高专利实质审查工作效率。

7. 人才队伍培养

①选拔一批高层次创新人才加以培养。

②通过开展重大项目，培养科技人才。

③完善企业制度，加强企业创新需求，才能吸引优秀的创新人才。

④加大对农村经济的扶持力度，培养农村的实用人才。

⑤借鉴国外经验，积极引进优秀外来人才。

⑥健全和完善科研事业单位人事制度。

⑦建立有利于激励自主创新的人才评价和奖励制度。

8. 教育与科普

①充分发挥高等学校在自主创新中的重要作用。

②大力发展与改革职业教育。

③全面推进素质教育。

④大力发展科普事业。

9. 科技创新基地与平台

①加强实验基地、基础设施和条件平台建设。

②加大对公益类科研机构的稳定支持力度。

③加强企业和企业化转制科研机构自主创新基地建设。

④加强国家高新技术产业开发区建设。

⑤推进科技创新基地与条件平台的开放共享。

10. 加强统筹协调

①建立和健全合理配置科技资源的统筹机制。

②建立政府采购自主创新产品协调机制。

③建立引进技术消化吸收协调机制。

④促进"军民结合、寓军于民"。

⑤认真做好建设创新型国家的宣传工作。

⑥建立再创新协调机制。

（三）制定相关配套的政策，确保纲要的实施

1.《国家工程实验室管理办法（试行）》

首先，建立国家工程实验室是提高自主创新能力和核心竞争力，调整产业内部结构和其发展中需要的技术装备制约，强化对国家重大战略任务、重点工程的技术支撑和保障。国家工程实验室是依托企业、转制科研机构、科研院所或高校等设立的研究开发实体，而《国家工程实验室管理办法（试行）》是为了加强和规范国家工程实验室，建设与运行管理而制定的配套政策。

《国家工程实验室管理办法（试行）》指出，国家工程实验室的主要任务是，开展重点产业核心技术的攻关和关键工艺的试验研究、重大装备样机及其关键部件的研制、高技术产业的产业化技术开发、产业结构优化升级的战略性前瞻性技术研发，以及研究产业技术标准、培养工程技术创新人才、促进重大科技成果应用、为行业提供技术服务等。国家工程实验室的建设要围绕重大工程建设和产业发展的迫切需求，加强关键技术供给，提升产业可持续发展能力。

2.《建立和完善知识产权交易市场的指导意见》

①在一定程度上解决了知识产权价值评估难的问题，使知识产权顺畅交易。

②面对转化率低的现状，发挥市场资源配置功能。

③有助于统筹规划，完善监管不到位的地方。

④有利于促进企业优化重组。

3.《进一步支持出口信用保险为高新技术企业提供服务的通知》

①充分发挥出口信用保险对推动高新技术企业出口的作用。

②优先为高新技术企业出口提供保险保障。

③加强出口信用保险宣传，提高高新技术企业的风险防范意识。

④强化海外风险信息的收集和分析工作。

⑤加强同科技部、财政部等有关部门的沟通。

4.《科技型中小企业创业投资引导基金管理暂行办法》

《科技型中小企业创业投资引导基金管理暂行办法》是专门为支持科技型中小企业自主创新而制定的政策，科技型中小企业创业投资引导基金专项用于引导创业投资机构向初创期科技型中小企业投资。该政策对支持对象、支持方式做了详细规定，对于引导、鼓励中小企业自主创新有着重要的意义。

5.《政府采购进口产品管理办法》

2007年12月27日，财政部公布了《政府采购进口产品管理办法》，目的就是推动和促进自主创新，对政府采购进口产品进行规范，确保政府采购政策的实施。采购人采购进口产品时，要秉承有利于本国企业自主创新或者消化吸收核心技术的原则，首先考虑购买我方的转让技术或者提供其他补偿贸易措施的产品。

6.《中央科研设计企业实施中长期激励试行办法》

《中央科研设计企业实施中长期激励试行办法》旨在通过对企业发展做出突出贡献或对企业中长期发展有直接作用的科技人员和从事研发的管理人员进行激励，充分调动科技工作者的积极性、创造性和主动性，建立完善的激励约束机制，从而提高企业自主创新能力。激励方式包括绩效奖励、技术奖励（分成）等非股权激励方式，以及知识产权折价入股、折价出售股权（股份）、奖励股权（股份）、股票期权、限制性股票等法律、行政法规允许的股权激励方式。

五、国家创新体系建设的主要措施

（一）"硬件"建设与"软件"建设

一是瞄准世界科技前沿、具有前瞻性、引领性的基础研究科技创新；二是旨在转化现实生产力、推动经济迈向全球价值链中高端的应用基础研究科技创新；三是有利于调动创新积极性、促进科技成果转化的科技体制机制创新；四是培养创新人才和创新团队的科技人才队伍建设。这四大方面，既有创新的"硬件"建设，也有创新的"软件"建设。尤其是"软件"建设，也就是体制机制创新，对创新驱动发展战略的深入实施将提供有效的制度保障，担负着"兵马未动粮草先行"的重要角色。

（二）税收制度创新与科技创新的"双轮驱动"

随着社会经济的不断发展，科学技术迅猛发展。科学技术不仅影响着国家的前途命运，而且影响着人们的生活福祉。总体而言，科学技术对国家和个人都起着非常重要的作用。实现建成社会主义现代化强国的伟大目标，我们要不断提升科技实力，拥有自己的创新能力，为实现中华民族伟大复兴的中国梦提供强有力的技术保障。建设世界科技强国，健全国家创新体系，强化制度和科技创新战略是我国迫切需要解决的问题。

新一轮税制改革是在国家创新驱动发展战略的大背景下展开和推进的。国家创新驱动发展战略是新税制改革的旗帜和航标，新税制改革必须顺应它的方向与要求，协同发力，确保创新源泉充分涌流。落实税收优惠法定是新税制改革服务创新驱动发展战略的落地抓手。将每年税收优惠以税式支出专项列入年度财政预决算，是克服我国税收优惠种种弊端的积极措施。它不仅是统一税收优惠政策法规稳定性与变动性的办法，更是最大限度地实现法律保留，将税收优惠法定落到实处的良策。优化税制结构是新税制改革服务创新驱动发展战略的主战场。优化税制结构需要通过深入进行税收制度改革来实现。通过一系列税收制度创新从税收体制机制上为创新驱动发展战略的实施建立起一个良好的税收生态系统，形成税收制度创新与科技创新的"双轮驱动"。

（三）健全国家创新体系

国家创新体系的功能和系统效率与一个国家经济社会发展水平、创新体系构成、创新能力发展水平和资源禀赋等有关，在一定程度上也受到国际经济、政治、技术环境的影响。我国的国家创新体系是在从计划经济向社会主义市场经济转型过程中建立和发展起来的，总体而言是一种支撑经济社会发展的追赶型国家创新体系。建设世界科技强国，强调科学前瞻和技术引领，对于前瞻性基础研究等领域都提出了较高创新要求。因此，当前应顺应全球科技发展趋势，抓住历史机遇，不断发展完善国家创新体系。

1.健全国家创新体系，需要明确其功能定位

在坚持保障安全、驱动发展、服务转型、引领未来原则的基础上，理清创新主体发展的目标和使命，以提升自主创新能力为重点，在前沿领域乘势而上、奋勇争先，在更高层次、更大范围发挥科技创新的引领作用。

坚持"双轮驱动"，即科技创新和制度创新缺一不可，二者相辅相成。一个是以问题为导向，一个是以需求为牵引。我国不仅要在制度政策和环境方面改善，而且要在创新主体和创新资源方面加强助力，不断提升国家科技竞争力，加强国家创新体系的整体作用。

2.国家创新体系的系统布局进一步调整优化

在明确技术创新、知识创新、国防科技创新、区域创新和科技中介服务等功能的基础上，国家创新体系的系统布局可以进一步调整优化。

（1）国家安全创新体系

国家安全创新体系的核心是以保障国家安全为使命，综合集成各类创新主体，推进军民融合，服务国家安全。

（2）国家研究试验体系

国家研究试验体系的主体是世界一流科研院所和大学，目标是为培育未

来产业提供源头技术，掌握全球科技竞争先机。

（3）国家产业创新体系

国家产业创新体系的主体是世界一流创新型领军企业，系统整合国家各类创新平台，为产业转型升级和新兴产业创新发展提供支撑。

此外，国家创新体系还包括区域创新体系、企业技术创新体系、创新创业服务体系等。

3. 以保障国家安全为核心使命

国家安全创新体系建设以保障国家安全为核心使命。围绕保障国家安全，探索建立新型国家实验室，为国家基础科学和前瞻技术综合研究提供基地，为国家战略高水平技术和产业关键核心技术研究开发与系统集成提供平台，为高端科技创新人才集聚和培养提供基地。建设新型国家实验室，应强化高起点高标准顶层设计，集聚整合优势力量，以重大科技基础设施建设构建国家专业化科研网络集群，夯实自主创新物质技术基础，提升国家战略领域核心竞争力。

4. 全力打造国家战略科技力量

（1）国家研究试验体系建设着眼于提升科技引领和产业源头创新能力

①以国家实验室为引领，全力打造国家战略科技力量。

②加快世界一流科研院所和大学建设，加快重大科技基础设施集群建设。

③系统整合国家研究中心、国家重点实验室、国家技术创新中心等创新平台，培养造就战略科技人才、科技领军人才、青年科技人才和高水平创新团队。

④面向国家战略需求，建设国际领先的大型公共科研平台，打造全球科技创新高地，充分发挥国家实验室在国家创新体系中的引领作用。

（2）国家产业创新体系建设着眼于把握和引领未来产业发展方向

①建立完善以企业为创新主体，不断进行技术创新，加大研发投入，积极研发成果，使我国掌握核心技术，增强自主创新能力，建设创新型领军企业。

②加强应用基础研究、引领性前沿技术创新，提升制造业综合竞争力，支持我国产业向创新驱动转型升级，把握和引领新兴产业创新发展方向。

六、构建中国特色区域创新体系建设

（一）外部环境与支撑条件

外部环境和支撑条件是影响区域创新体系构建的重要因素。一个国家的区域创新体系构建应具备以下六个方面的要素条件：硬件要素条件、主体要素条件、资源要素条件、市场要素条件、制度要素条件和文化要素条件。与此相对应的基本环境和支撑条件分别是基础设施、创新网络、创新资源、市场发展、政策制度和社会文化。

近年来，在建设创新型国家战略的总体部署下，中国构建区域创新体系的外部环境不断得到优化，支撑条件不断得到强化，切实为加快构建有中国特色的区域创新体系提供了坚实基础和有力保障。

①从基础设施来看，交通基础设施不断完善，研发基础设施建设取得重要进展，信息基础设施日益发展，为我国构建区域创新体系奠定了良好的硬件基础。

②从创新网络来看，创新行为主体不断发展壮大，创新中介服务机构快速发展，创新组织形式呈现多样化，为我国构建区域创新体系奠定了良好的组织网络基础。

③从创新资源来看，创新经费投入力度不断加大，创新型人才队伍建设步伐加快，技术资源开发取得重要突破，为我国构建区域创新体系提供了有力的资源保障。

④从市场发展来看，创新具有巨大的市场需求空间，市场竞争加剧要求企业加快创新步伐，社会诚信和商务诚信建设推动市场规范化发展，为我国构建区域创新体系提供了良好的市场发展环境。

⑤从政策制度来看，先后出台了上百个政策文件，以完善区域创新和自主创新的政策环境。这些政策制度主要涉及三类：第一类是促进区域创新的针对性政策体系，第二类是推动自主创新的系统部署政策，第三类是促进自主创新的具体政策。它们为我国构建区域创新体系提供了重要的政策制度保障。

⑥从社会文化来看，整个社会的创新意识不断增强，创新文化日益浓厚，创业的社会环境明显改善，为我国构建区域创新体系奠定了良好的人文基础并提供了优良的社会环境。

（二）发达国家构建区域创新体系建设的经验借鉴

1. 英、美两国区域创新体系构建战略给我国的启示

英美两国作为当今世界上最成熟发达的市场经济国家，其市场经济发展经历了长期的发展演进阶段，国家创新体系和区域创新体系具有很高的效率。无论是企业主体型的美国，还是知识带动型的英国，尽管其区域创新体系各有特色，但都带有"市场主导型"的共性。

（1）构建区域创新体系要依据竞争优势

我国珠三角和长三角属于私有制经济较发达的地区，这些地区就可以相对应的采用鼓励私人企业创新的措施，使用税收优惠和土地划拨的方法保障创新收益，来弥补研发成本。但是站在中部地区和北部地区的角度上，由于科研型高等院校比较多，就可以采用建立大学科技园的方式来构建区域创新体系。

（2）区域创新体系的重点是培养企业创新能力

不管是英国还是美国，其区域创新的路径选择各异，但区域内企业创新能力的培养都是重点。

（3）知识和技术是区域创新的核心因素

综观英美两国的区域创新体系，其共同的核心因素就是知识、技术的生产、传播和创新，企业、研发机构、技术中介、政府、人员和资金围绕这一核心因素相互作用而组成创新网络。

（4）是区域创新体系的建设离不开政府的适当参与

作为区域创新体系的重要部分，政府的作用不可或缺。政府在区域创新体系中的作用主要是提供区域创新环境的制度供给，这是政府"适当参与"的内涵所在。

2. 日、韩两国区域创新体系构建战略给我国的启示

日本和韩国与我国有相似的创新发展背景，都是通过长期的"技术追赶"，才逐渐发展成为科技强国的。日、韩的区域创新体系构建战略对我国有很强的借鉴意义。

（1）政府要"适当参与"区域创新体系构建

我国中央和地方各级政府应根据各地资源禀赋和创新环境的现实条件，采取有针对性的参与方式和参与程度；同时，也要考虑时间差异，即针对同一区域创新体系的不同发展阶段，发挥政府的"适当参与"作用。

（2）区域创新战略要以提升原始创新能力为目标

我国在实施对外开放、招商引资时，要注意引进国外的先进技术而不是落后技术，特别要把产业关联度大、技术进步快的产业作为发展重点，有针对性地选择技术引进方向。在此基础上，要加强对引进技术的消化、吸收，并推动技术的集成创新，始终把提高原始创新能力作为核心目标。

（3）通过产业集群促进区域创新网络的形成

企业和政府要有意识地结合区域科技资源优势，形成强有力的产业群体与竞争主体，打造具有较高知名度、掌握核心竞争力的强势品牌，实现区域创新体系的可持续发展。同时，还要积极创造条件，大力促进国际科研机构和跨国公司入驻，促进技术扩散与转移。

（4）推动区域创新体系内各主体间的协调互动

区域创新体系的有效运转取决于创新主体之间的相互协调。我国目前最为欠缺的，就是真正能够发挥实效的公共科技平台和科技中介服务。今后，我国政府应从政策上扶持各类科技中介服务机构及创新服务平台建设，尤其是大力促进民营科技中介机构的发展，改善区域创新的资源配置效率和投融资环境。

（5）努力培育适宜创新的市场和制度环境

一方面，我国各级政府必须转变观念，将市场作为推动区域创新和产业发展的主要动力，推动企业成为技术创新的真正主体。另一方面，我国应尽快完善促进创新的制度和政策体系，并且要特别注重加强政策执行效果的评价与改进。

第三章　实施创新驱动发展战略的主要途径

随着中国特色社会主义事业的推进，中央领导集体对发展的理解也不断深化。落实创新驱动发展战略是实现可持续发展的前提条件，是执政兴国的必然选择，是建构大国形象的睿智之举。深化科技管理体制改革、优化科技资源配置、完善鼓励技术创新和科技成果产业化的法制保障、政策体系、激励机制、市场环境。这是我国在经济发展关键时期对科技体制改革的要求和方向，它表明只有科技体制改革才能真正推动创新驱动发展战略的实现。历史经验表明，人类文明每一次重大进步都与科学技术的革命性突破密切相关。当今世界，科学技术日益成为经济社会发展的主要驱动力，科学技术迅猛发展，新的科技革命正在孕育和兴起，科技创新和产业发展的相互结合，经济全球化和信息化的交叉发展，为我们带来了必须抓住和用好的机遇。

第一节　科技体制推动创新驱动发展

一、改革历程

随着创新体系建设的全面推进，不但深化了我国科技体制的改革，同时也优化了我国的科技结构体系。以企业为主体、产学研结合的技术创新体系建设取得了新的突破，微观创新主体的内在动力与活力得到了增强。具体表现在：经济建设的主战场转向科技，大学、科研机构、企业技术的创新力得到提高，区域科技创新体系建设逐步形成，科技对经济社会发展的支撑和引领作用日趋提高。

（一）借鉴阶段（1949—1978 年）

我国近现代科技体制的建立以及完善是学习和借鉴西方的科技体制来逐步完成的。从民国时期开始，我国便开始进行尝试，但由于种种原因，体制建立并未成功。直到新中国成立的最初几年，才逐步形成了以中国科学院作为科技事业"领导机构兼科研中心"的体制模式。遍布各省、市、自治区以及各产业部门的研究机构也相继建立。直到1955年，这些研究机构已在全国范围内建立了840多个，科学技术人员也有40万人之多。这一模式是在建国初期恢复和发展国民经济的总体任务的基础上建立的，对科研体系、科技人才、科研方向以及科技管理方法等方面都起到过积极的作用，但由于还在探索阶段，该体制的建立还是存在着一定的缺陷的，中国科学院行政管理的职责很难得到发挥，于是在苏联的影响和帮助下，我国开始了对新的科技体制的探索。

1956年，出现了技术和科学分家管理的局面。国家成立了技术委员会来专门负责技术方面，之后又成立了科学规划委员会来负责科学规划方面。但随着规模的扩大，又没有在领导方面进行统一，各科技系统之间没有做到及时的统筹和协调，导致冲突和矛盾产生之后难以解决。这对我国的科技发展是不利的。为了使这些问题得到解决，1958年，统一领导全国科学工作的科学技术委员会以及由中国科学院、高等院校、中央各产业部的研究机构、地方研究机构以及国防科研机构组成的科研体系成立，至此，新中国科技体制形成。

这一时期的科技体制的主要贡献是有效地集中了当时稀缺的科技资源。这一科技体制在当时是与计划经济体系相适应的，对国家一些战略目标的完成起到了积极的作用。可是随着经济的不断发展，这一科技体制存在的科研主体单一的问题也逐渐凸显出来。整个科研系统表现出来的是一种封闭的状态，科技与经济也统一，企业、高校、科研机构的所有经济活动完全按照行政指令来进行，无自主权。毫无知识产权的概念，同时科技成果有偿转让的机制也极为缺乏。

（二）深化改革

改革开放后，我国为了进一步促进科技与经济相结合，逐步地展开对科技体制的改革，改革的全过程共经历了以下几个阶段。

1. 试点探索（1978—1984年）

1978年3月18日至21日，随着全国科学大会的召开，《八年规划纲要》以及一系列的重要方针、政策被提出。《八年规划纲要》的提出将科学技术的发展提到了更高的一个高度。在《八年规划纲要》执行期间，"科学技术现代化"的重要思想被邓小平同志提出，这一思想是发展国民经济和科学技术方针和政策的思想理论基础。在这个阶段，进一步扩大了科学研究机构的自主权，同时开始施行科学研究责任制以及科学研究合同制。1980年12月，陈春先受到美国硅谷的启发，建立了北京先进技术发展服务部，中国首家民营科技事业机构就此诞生，之后，各类技术经营实体在全国范围内迅速增多。陈春先的实践，受到了中央领导的高度重视，"一些确有贡献的科技人员可以先富起来，打破铁饭碗、大锅饭"的指导思想正式确立，中关村科技创业的政策活水也从此引入。

2. 全面改革（1985—1994 年）

1985 年，为了让科技成果快速、广泛地运用到生产，使经济和社会得到进一步的发展，《关于科学技术体制改革的决定》被提出。该决定的运行机制就是要改革拨款制度，开拓技术市场，对国家的一些重点项目实行计划管理，同时运用经济杠杆和市场调节等手段，增强科学技术机构的自我发展的能力和自觉服务于经济建设的决心。总的来说，改革应包括以下内容。

①鼓励科研机构和企业联合或者合并，甚至建立新的科技企业。

②鼓励企业在条件允许的情况下企业内部建立科研机构，鼓励企业对科研机构进行投资。

③制定专门的法律对知识产权进行保护。

④通过建立技术交易市场来使技术成果商品化。

⑤根据科研类型的不同，制定不同的拨款制度。

⑥鼓励银行开展科技开发信贷。

⑦科研机构实行所长负责制，给予科研机构一定的自主权。

⑧允许科研机构的科研人员兼职和自由流动。

3. 深化改革和宏观调控（1995—1998 年）

1995 年，《关于加速科学技术进步的决定》被中央政府、国务院提出。该决定指出了解放科技生产力的关键是科技体制的改革、调整科技系统的结构是科技体制改革的重点，同时"科教兴国""坚持科学是第一生产力"等一系列思想被提出。改革的内容主要包括：

①"稳住一头，放开一片"，稳住基础研究、应用研究、社会公益研究和重大科技攻关活动，鼓励技术开发类科研机构并入或转为企业；

②增大科技贷款比例和科技财政投入；

③制定和完善与《中华人民共和国科技进步促进法》有关的法律法规。

4. 取得进展（1999—2005 年）

1999 年，《关于加强技术创新、发展高科技、实现产业化的决定》被提出，主要政策包括：

①推行技术开发类科研机构进入或转为企业的转制政策，分类改革社会公益性科研机构；

②对高新技术开发区和高新企业进行严格管理，对于管理成效不大的将取消其资格，对高技术产品实行税收、采购等政策扶持；

③为中小型企业提供创新基金，加大对民营科技企业的支持力度；

④要求金融机构根据不同科技企业的企业特点来制定最适合的授信制度，拓展信贷种类和担保方式，增加科技信贷投入；

⑤创建风险投资公司和基金，营造对科技创新发展有利的资本市场。

通过这些政策督促科研机构强制进行改制，使科研机构由应用型向企业化转制。

5. 创新体系建设与完善（2006—2012 年）

2006 年 2 月 9 日，随着《国家中长期科学和技术发展规划纲要（2006—2020 年）》的提出，科技体制改革以及创新体系的建设得到了更深层次的阐述，主要包括以下几个方面：

①鼓励并支持企业成为技术创新主体；

②建立现代科研院所制度，深化科研机构改革；

③推进科技管理体制改革；

④全面推进中国特色国家创新体系建设。

与此同时，《纲要》还给出了涵盖范围包括财税、政府采购、金融、产业、区域等 9 个方面创新体系的落实政策和措施，通过强化知识产权和技术标准战略，鼓励企业走上自主创新的道路。

6. 实施创新驱动发展战略（2012—2017 年）

2012 年，党的十八大提出了创新驱动发展战略，强调科技创新是国家发展的核心。2013 年 1 月，国务院印发的《关于强化企业技术创新主体地位全面提升企业创新能力的意见》中明确提出企业技术创新的 12 项重点任务及相应的政策措施。2013 年 3 月 4 日，习近平总书记在《在参加全国政协十二届一次会议科协、科技界委员联组讨论时的讲话》中强调，科技创新决定了我国社会生产力的发展，同样也关系到我国综合国力的提高，开展创新驱动发展战略势在必行。2013 年 6 月，跨部门的联合推进机制被建立。一系列激励企业创新的政策被提出，以调动企业创新的动力。2013 年 9 月 30 日，习近平总书记在北京中关村主持的《在十八届中央政治局第九次集中学习时的讲话》中强调，要紧紧抓住和用好新一轮科技革命和产业变革的机遇，并明确部署了科技体制改革的方向和内容。

2014 年 4 月，财政部制定了《中小企业发展专项资金管理暂行办法》，通过专项资金综合运用无偿资助、股权投资、业务补助或奖励、代偿补偿、购买服务等支持方式，采取市场化手段，引入竞争性分配办法，鼓励创业投资机构、担保机构、公共服务机构等支持中小企业，充分发挥财政资金的引导和促进作用。2014年8月18日，习近平总书记在《中央财经领导小组第七次会议》上强调，我们要从国情出发，明确我国科技创新的主攻方向和突破口。人是创新的根基和核心要素，要用好人才。2014年9月29日，习近平总书记在《中央全面深化改革领导小组第五次会议上》提出，要强化科技同经济对接、创新成果同产业对接、创新项目同现实生产力对接、研发人员创新劳动同其利益收入对接形成有利于创新成果及其产业化的新机制。

2015年5月27日，习近平总书记在《华东七省市党委主要负责同志座谈会》上提出要把重要领域的科技创新摆在突出地位。2015年10月26日，习近平总书记在"第十三个五年规划"中表示，提高创新能力，必须要夯实自主创新的物质技术基础，要加快建设以国家实验室为引领的创新基础平台。2016年5月30日，在《为建设世界科技强国而奋斗》中，习近平总书记强调，要落实好"三去一降一补"，让科技创新和制度创新共同发挥作用，着力改革和创新科研经费使用和管理方式。优化科研院所和研究型大学科研布局。2017年3月12日，习近平总书记在出席《十二届全国人大五次会议解放军代表团全体会议》时指出，要主动发现、培育、运用可服务于国防和军队建设的前沿尖端技术，做好国防科技民用转化这篇大文章。

二、科技体制存在的问题

随着我国科技水平的不断提高，科技已成为发展过程中的一个关键因素，同时它也是衡量一个国家综合国力的重要因素。科技管理体制是否合理，将关系到科技政策能否得到认真贯彻，科研机构和队伍的潜力能否充分发挥，科技规划、计划能否顺利实现。随着我国科技水平的不断提高，科技管理水平也有明显的提升。但是，与国际先进水平相比，我国科技管理水平还存在很大的差距。因传统观念和体制的束缚，我国科技管理工作将受到多方面的牵制，所以就会使我国科技管理体制出现各种各样的问题。

（一）决策机制存在问题

1983年以来，我国推出16项国家科技重大专项。各种国家科技计划取得了很大成效，但也存在一些问题。

①各种重大科技计划定位不清，缺乏明确战略定位；研究领域和方向交叉重叠，存在资源分散、目标泛化等问题。在科技重大专项管理方面，由于缺乏宏观组织协调机制，使得责权利不十分清晰，审批层次多，协调难度大。遇到科技难题只能临时召集专家研究，难以从体制机制上根本解决问题。由

于缺乏相关对接战略的执行体系，在市场配置资源的领域，缺乏对科技创新活动必要的宏观调控。比如政府相关部门对事关经济社会发展的基础性、战略性与公益性科技研究尚未形成统一战略和规划，对基础研究、科普事业等支持不足，对支持产业技术创新的政策缺乏系统部署等；我国一些重大科技计划组织方式与国家整体战略目标不尽一致，亟待强化国家层面的科技战略决策机制，建立有效的宏观调控机制，推动创新型国家建设，落实创新型国家战略。

②我国虽然对前端给予了大力扶持，但是对产业系统技术改进方面却不够关注。比如说，在汽车制造方面，我们专注的往往只是像发动机等系统的研发，但却忽视了对整辆车的设计和开发。汽车行业的现象不是个案，可以看到我国很多产业都面临先进企业和使用落后装备的企业并存的现象。整个国民经济技术含量仍比较低的现实要求我们，在对整个创新链条进行政策扶持的时候，不仅要从前端转向后端，还要进一步调整、优化国家计划安排。

③重大科技计划绩效评估机制缺失。对重大科技计划的管理往往止步于验收，缺乏全面深入的绩效评估。目前我国还缺乏独立、权威的科技绩效评估机构。当前我国国家层面的科技战略决策调控不够得力，各个部门的工作安排难以统一到国家整体科技规划和目标上来。由于缺乏有效的重大科技决策咨询机构，自2006年颁布《国家中长期科学和技术发展规划纲要》以来，实际执行成效缺乏全面评估，也没有根据科技领域的新变化及时进行调整。

④科技资源共享不够。应当说，让科研资源共享已不是什么新话题，近些年来一些有识之士一直在呼吁。我国是一个大国，十分需要跨地区、跨部门的为用户提供技术支持和质量保障的、基于网络的科研资源共享平台。我国科研资源虽然非常丰富，但科研资源利用率低下，浪费现象司空见惯。一方面，科研经费不足，另一方面，许多科研资源闲置，派不上用场。科研仪器设施及科研资料、数据等资源的巨大浪费，已成为制约我国科技人员参与国际竞争的主要障碍之一。

（二）法律法规不健全

1993年我国颁布实施了《中华人民共和国科技进步法》，之后又出台了一系列推动科技进步的法律法规，各地也推出相应的法规和实施细则等，我国科技创新法律制度体系初步形成。但仍存在一些突出问题：部分法律法规操作性不强，概括性、原则性规定太多，有不少法律条款仅停留在文字、纲领、政策层面上，造成了法律适用上的困难，有的则只是行为模式表述，没有法律后果，这种缺乏操作性的法律法规与社会实际脱节，影响了法律制度重要功能的发挥，削弱了其对科学技术创新活动的激励作用。

我国科研院所也存在法律地位不明问题，导致管理体制不清，资源分散化、项目小型化、科技储备萎缩等问题。虽然有部分地区已开始探索通过立法确保科技资源共享，但总体来说，由于法律依据不足，本应属于公共资源的一些大型科研项目不能为社会共享，如科研单位的重大仪器数据库尚未建立，同一机构或课题申请购买仪器时，无法查询其购置状况、使用效率、开放服务等情况，造成一些科研仪器重复购置、使用效率低。这需要出台相关法律法规，实现科技资源共享。国家科技投入产生的大量科技信息和数据，目前基本处于分散、搁置甚至流失状态，没有充分利用起来。除此之外，还需要注意以下方面。

①从立法上看，有很多部门规章，但内容却不统一。科技部、教育部等对当前的科研不端行为的定义、表现形式、处理程序等规定上各执一词，意见不统一。

②各规范性文件调整的范围覆盖不够全面。现阶段的科研不端行为主要是依据部门规章或部门规范性文件进行调整的，各部门只能对自己的管理领域进行规范。

③各规范性文件中没有对法律责任进行统一的规定。各部门规范科研不端行为的法律、法规或规范性文件，其中不乏对科研不端行为处罚措施或法律责任的规定，但宽严不一，这也是要注意的问题之一。

（三）政府部门存在问题

现行的科研管理体制、管理方式还不能完全符合创新的规律。由于现存的制定科技政策、配置科技资源的部门较多，职能分工不明确，无法做到有效的沟通，对创新政策的理解各执其词，要想做到协同创新更是难上加难。这就直接导致了科技资源配置的过度行政化，从而造成了不统一、效率低等问题的发生。我国的行政部门对科技资源配置的影响力直接关系到科技资源的配置和管理效率。科技管理行政化倾向一直没有发生根本性改变。从重大科技规划到课题经费开支、时间节点，政府管理部门都有相当大的决定权和影响力。当前从科研计划制定、科研资金管理到科研项目评审、实施和验收，很大一部分是由相关政府部门自主组织实施的，多种角色于一体，存在越位和错位。这种越位和错位使得科研监督手段难以真正奏效，滋生了权学勾结、弄虚作假、贪污腐败等现象。但是在服务、监管和制度设计方面又存在着严重"缺位"。目前，我国还没有真正做到管评分开，评审结果受行政影响比较大。其中有三方面做的仍然不够科学：第一，科技奖励的设置；第二，申报机制；第三，评选机制。除此以外，只重视项目而忽视了技术人员的现象普遍存在。行政主导分量较重，加剧了重复和过度包装，严重挫伤技术人员的积极性。

由于我国在科研诚信和创新文化建设方面相对薄弱，一些譬如学术造假、学术抄袭等行为时有发生，造成这些不诚信行为的原因主要包括以下几点。

①"指挥棒"效应。当前的科技管理、体制管理普遍存在以下问题：第一，只追求数量却不注重质量；第二，只关注科研经费而不关注科研水平；第三，目光短浅，只关注短期效益，不做长远打算；第四，只重视科研项目忽视了技术人才。以上行为严重助长了急功近利、心浮气躁的不良风气。同时，整个社会的创新文化氛围也与不良风气的形成息息相关，主要表现在缺乏崇尚创新的意识以及宽容失败的大度。

②科技评价体系简单。我国科研机构众多，科研队伍庞大，在科技体制改革过程中，引入了论文、专利等刚性考核指标，虽然便于行政化管理，但是在导向上重数量、轻质量，导致一些科技人员一直在重复着做一些低水平的科研活动。这种不合理的科技导向，直接导致科技人员的创造性得不到充分发挥，积极性也日益降低。不管是基础研究还是应用研究，对科技人员的评价标准大多局限在以下几个方面：第一，发表的论文；第二，完成的项目；第三，完成项目所用的经费数量；第四，获奖情况。这就直接造成了对科研人员的评价存在片面性和不合理性。

③经费分配制度不合理，竞争性经费投入过多。科技资源配置结构失衡，突出表现为对科研机构的稳定支持经费增长过慢。无论是科研单位还是高校几乎都唯有争取到项目才能在单位"体面地生存"，这促使科研人员每年疲于拼命争项目、争经费。有科研人员统计了其一年时间的分配：1/3 的工作时间写项目申请，1/3 时间跑项目，1/3 时间做项目，项目做完了，结项目还得花 1/3 时间，事务性工作占用了大量时间，做项目时间显然是不够的，就只能从业余时间和休息时间里往外挤。创新活动是个十分专注的行为，如果一个人的思想被如何争项目等事务性工作所占据，是没有时间思考如何创新的。

三、深化科技体制改革的内容

实现创新驱动发展，必须深化科技体制改革，加快建立健全科学合理、富有活力、更有效率的国家创新体系。要加强科技与经济社会沟通与融合，尽全力消除阻碍科技创新的"绊脚石"。开始着手对科技管理体制、决策体制、评价体系，以及组织结构、人事管理制度等有步骤地系统推进改革，建立与社会主义市场经济体制相适应、符合科技发展规律的现代科技体制，充分发挥市场配置科技资源的基础作用，最大限度调动和激发广大科技工作者和全社会对科技创新的积极性，为建设创新科技大国打下坚实的基础。2012 年召开的"全国科技创新大会"在继承《国家中长期科技发展规划纲要》的基础上，提出了新时期科技改革发展的总体思路、目标任务和政策措施。党的十八大进一步强调要深化科技体制改革，并明确指出了深化科技体制改革的方向。

（一）加强科技创新体制的治理

治理，从政治学领域来讲通常是国家管理，即政府部门运用职权来管理国家和人民。这一行为的目标是维持政治秩序，是一种以公共事务为对象的综合性政治行为。

治理有四个特征：治理不是一整套规则，也不是一种活动，而是一个过程；治理过程的基础不是控制，而是协调；治理既涉及公共部门，也包括私人部门；治理不是一种正式的制度而是持续的互动。因此，治理有多个主体，强调多元主体的互动、协作，进而实现共同目标。从本质上讲，传统的科技宏观管理机制更多地强调政府职能部门的资源配置和行政管理，科技主管部门始终局限在特定的科学技术政策领域，科技政策、产业政策、经济政策等在横向层面没有形成统筹协调的创新政策，没有形成由科技部门主导，产业部门、经济部门和地方政府等多元主体参与的创新治理格局。

从国际经验来看，20 世纪以来，发达国家和部分新兴工业化国家都相继设立了为国家最高决策层服务的科技政策咨询机构。20 世纪 50 年代，美国设立了总统科学顾问委员会；20 世纪 90 年代，韩国成立了科学技术咨询委员会。英国、法国和德国等科技强国也有类似的机构。为了统筹安排创新链条的各个要素和环节，世界各国也在不断进行机构变革，以促进本国创新，提高创新能力和效率。1993 年，法国将原来的教育部与研究部合并在一起，建立了教育、研究和技术部。该部的主要任务是协调科研和教育两方面的工作，以战略眼光进行科学与教育的宏观管理和运行调控，赋予高等教育部门和科研机构更大的自主权；对高等教育和科技工作进行审查和评价；保证全国科技政策的及时制定和协调。教研部下设部长办公厅科技高级顾问委员会、研究与技术司、技术创新司、科技情报司、国际事务司和研究财务司。2009 年，为了更好统筹协调管理技术创新和经济发展，英国通过将多个部门进行组合，成立了以加强科技创新，促进科技成果产业化为主要职能的商业、创新和技能部，进而提高英国的核心竞争力。

（二）推进科技体制改革

加快政府职能转变，是科技体制改革的关键。我国以往科技体制改革主要围绕科研机构和研发人员开展，系统性不够、整体性不强，导致宏观科技管理体制改革相对滞后。在新一轮科技体制改革中，政府应加快职能转变，消除"越位"，弥补"缺位"，优化宏观科技管理组织结构和协调机制，推动科技工作管办分离，尽快理顺宏观科技管理体制，营造良好的创新环境。

1. 要转变政绩考核体系

我国当前的政绩考核体系对科技创新的驱动不足。在目前的政绩考核体系下，政府官员更加注重能够拉动 GDP 增长的资源、资金等要素的投入，而不是将科技创新驱动发展放在重要位置。这种考核导向与建设创新型国家战略目标是不尽一致的。节能减排、环境保护等指标虽然越来越受到重视，但在考核体系中所占权重依然偏小，使得各级领导干部推动科技创新的动力不足。

2. 弥补缺位

除了加强对科技创新宏观调控之外，对于一些基础性、公益性以及战略性的科技研究要全力支持；建设适合科技创新发展的平台，健全人才激励机制，优化科技创新条件；完善、促进、规范和保护科技创新的法律体系；发展科技中介服务机构，培育科技服务市场体系。

3. 统筹资源配置

进一步优化科技宏观管理组织结构和协调机制，打破条块分割，统筹配置资源；可以进一步强化全国科教领导小组的作用，对科技创新实施跨部门领导协调；加快实施政府部门组织体系和运行机制改革，将决策、执行、监督相分离，使部门之间既相互协作又相互制约，实施官员和专家问责制度。

4. 营造良好的创新环境

营造公平的科技创新环境，是政府在公共管理和服务中的重要职责。当前在科技创新项目分配、税收优惠、行业准入等许多政策方面，还存在不少壁垒，影响了市场配置科技创新资源的成效。企业、科技类民办非企业机构与事业类科研单位在获得项目分配、税收、人才引进等政策支持上存在不公平问题，民营企业与国有企业在行业准入、信贷支持等政策享受上存在不平等等问题，大企业与中小企业在政府采购等政策享受上存在不平等现象，这些都应尽快解决。

（三）完善法律政策体系

首先建立健全各行业综合性科技进步法。完善《科学技术进步法》这一基本法，完善科技创新链条各个环节的法律法规以及相互之间的衔接。强化法律政策保障，有效引导社会资源流向科研活动，如制定科技资金投入等方面的法律，充分体现科技投入的法定性、合理性和权益保障性，最大程度为科技创新配置资源。其次，修订完善政府采购法、合伙企业法、反垄断法等，有效保障科研活动。完善各类财税、金融政策，支持科技创新。最后，对科技评价体系做进一步的完善。①科技评价标准和考核方法不可以太单一，要根据科研人员所从事的研究决定。遵循科学规律，努力营造一种宽松的科技创新环境，从而使科研人员可以更好地发挥自己的自主能力和创新能力，对于科研过程中出现的失败要采取容忍的方式。对于从事基础研究的科研人员，评价的核心应该是该类科研人员所提出的新理论、新方法，衡量指标应为是否为首创以及所做论文的影响力大小；对于从事技术研发方面的科研人员，评价的核心应该是其获得过的技术成果、所提供的技术服务，衡量指标应为其创造的专利以及技术水平；对从事工程开发类研究人员，评价的核心应是成果转化，衡量指标应是其是否研发出新工艺以及具有市场前景的新产品；对从事产业化支撑类的科研人员，评价的核心应该是所研发的产品质量是否合格以及是否达到要求的经济效益。②应将之前由行政部门来做科技评价的评价主体逐步改为由独立的学术团体来担任，做到科研资源管理和科研项目的评价机制更加具有科学性、更加透明化。③在项目评审过程中，适当地增加企业的发言权。长期以来，我国项目"裁判权"主要掌握在专家手中，专家可能在学术上是权威，但在市场应用的判断上则未必准确。科研立项的主导思维很大程度上还是学术思维和专家思维，缺少市场思维。但实际情况是，某一个应用技术项目应不应该立项、立项时机是否恰当、应该投入多少经费等问题，企业往往比专家更清楚。所以，在对科研项目的征集、立项以及评审的过程中应适当地增加企业人士的数量，对科研评价的标准也要着重参考市场所产生的效益。

第二节 创新科技发展驱动产业升级

一、创新推动新旧产业发展

（一）推动新兴产业和制造业发展

实体经济的发展，是推动新兴产业和先进制造业的关键因素，采取对实体经济发展有利的政策措施，是实现我国经济社会发展的首要任务。

战略性新兴产业发展要以创新为主要驱动力。战略性新兴产业是以重大技术突破和重大发展需求为基础，对经济社会全局和长远发展具有重大引领带动作用，知识技术密集、物质资源消耗少、成长潜力大、综合效益好的产业。正在兴起的新科技革命催生信息产业、生物技术产业、新材料产业、新能源产业、环保产业等战略性新兴产业。战略性新兴产业是经济社会发展的主导力量。我国经济要想在更长时期内全面协调可持续发展，尽快走上创新驱动、内生增长的轨道，必须要发展战略性新兴产业。

我国在发展战略性新兴产业方面总体上是落后的，只有少数领域发展较好。要使战略性新兴产业真正成为我国经济社会发展的支柱产业，必须以创新来驱动。

①全力攻克核心技术。目前，缺乏核心技术支撑是我国发展战略性新兴产业的过程中存在的主要问题，如高端装备制造，当前我国仍无力制造起飞重量 100 吨以上的飞机。航空制造尤其是大飞机制造是装备制造业的制高点，应成为我国高端装备制造的攻克重点。

②由于企业是战略性新兴产业发展的主要组成部分，所以不仅要增强企业在战略性新兴产业发展中的主体地位，还要加大对企业技术创新的投入力度，建立由企业牵头的工程化平台和产业技术创新联盟，完善产学研结合联合攻关体制，提高企业自主创新能力。

③努力做到科技创新与实现产业化的高效结合。比如通过对信息技术的创新来使信息网络产业得到进一步的发展。信息技术在智能交通、电网改造、无线城市中的渗透作用十分突出，在手机阅读、移动支付、网络电视等方面新业务不断拓展。我国具有发展信息网络产业良好的社会基础。截至 2011 年年底，我国网民规模已经超 5 亿，互联网普及率达到 36.2%，与发达国家 50% ~70% 平均水平的差距在进一步缩小。因而，坚持科技创新与实现产业化相结合，是我国信息网络产业迅速发展的关键因素。

创新驱动发展，除了要大力发展新兴产业外，还要发展先进的制造业，这就要求我们加快对新技术、新工艺的研发和应用。制造业是国民经济的主要支柱。我国是世界制造大国，但还不是制造强国。因为，我国制造技术基础薄弱，创新能力不强；产品以低端为主；再加上制造过程中对能源和资源的消耗过大，又无法彻底的对废弃物进行处理，从而造成环境的污染相当严重，由此看来，加快发展先进的制造业，是一项迫在眉睫的任务。这也是我国摆脱制造大国，成为创造大国的关键性一步。

"先进制造业"包括三个方面的内涵。

①产业的先进性，即在全球生产体系中处于高端，具有较高的附加值和

技术含量，通常指高技术产业或新兴产业。

②技术的先进性，在技术和研发方面保持先进水平。

③管理的先进性，即采用先进的管理方式方法和技术手段。

先进制造技术与传统制造技术相比，先进制造技术的优点是优质、高效、低耗、无污染或少污染工艺，是与新技术结合而形成新的工艺与新的生产手段，如数字化智能化制造技术、精密与超精密加工技术、纳米加工技术、CAD、NC 和柔性制造技术，还有机电一体化、人机一体化、一机多能技术等。因此，先进制造技术是以技术创新为基础的技术。传统制造技术的生产过程只是指加工制造的过程，但是先进制造技术的生产过程除了生产制造的过程外，还包含了对产品的前期设计以及对产品后期的销售、使用和维修的过程。

发展先进制造业对我国制造业水平的提升、经济的发展乃至国家安全的维护均起到至关重要的作用。根据我国的实际情况来看，我国制造业最薄弱的地方就是制造技术的落后。这就更加证明了发展先进制造技术的重要性和紧迫性。

20 世纪 80 年代产生的 3D 打印技术就是发展前景广阔的先进制造技术，对制造业有十分重要的影响。3D 打印技术是一种累积制造技术，它的工作原理是运用可黏合材料，读取输入的数字模型文件，通过打印一层层的黏合材料来制造三维物体。其实，3D 打印机与我们平时所用到的打印机除了打印所需的材料发生改变以外，其他的工作原理基本上是相同的。3D 打印机用的是实实在在的原材料，通过电脑的操控，打印出实实在在的物体。在美国，3D 打印机应用于食品产业，可以"打印"巧克力，打印宇航员"营养可口"食品。3D 打印机也应用于医疗，一位 83 岁的老人由于患有慢性骨头感染，需要替换下颚骨。医生为他换上了由 3D 打印机"打印"出来的下颚骨，这是世界上使用 3D 打印产品做人体骨骼的首例。由于 3D 打印机的技术原理与普通打印机喷墨打印的原理基本相同，所以又被称为 3D 立体打印技术。

3D 立体打印技术带来了世界性制造业革命，以前是部件设计完全依赖于生产工艺能否实现，而 3D 打印机的出现，将彻底改变这一生产思路，使企业在生产部件的时候不再考虑生产工艺问题，任何复杂形状的设计均可以通过 3D 打印机来实现。它无须机械加工或模具，就能直接从计算机图形数据中生成任何形状的物体，从而极大地缩短了产品的生产周期，提高了生产率。3D 打印技术将复杂的零件制造变为简单的由下至上的二维叠加，大大降低了设计与制造的复杂度，让一些传统方式无法加工的奇异结构制造变得快捷，一些复杂铸件的生产由传统的 3 个月缩短到 10 天左右。

我国华中科技大学史玉升科研团队经过十多年努力，实现重大突破，研发出全球最大的"3D 打印机"。这一"3D 打印机"可加工零件长宽最大尺寸均达到 1.2 米。从理论上说，只要长宽尺寸小于 1.2 米的零件（高度无须限制），都可通过这部机器"打印"出来。还有 GE 中国研发中心用 3D 打印机成功"打印"出了航空发动机的重要零部件。与传统制造相比，这一技术将使该零件成本缩减 30%、制造周期缩短 40%。

目前，3D 打印机已被运用到一些需要制造模型的领域，并且正在向直接制造产品的方向发展，这也就说明了 3D 立体打印技术正在普及。3D 打印技术目前已在国防、汽车、航空航天、生物医药、土木工程等领域中得到广泛应用。尽管仍有待完善，但 3D 打印技术前景广阔，市场潜力巨大，必将成为未来制造业的众多突破技术之一。

（二）加快传统产业发展

传统产业是相对于新兴产业而言的，主要指钢铁、煤炭、电力、建筑、汽车、轻工、纺织、造船业等产业。传统产业在我国国民经济中占有主导地位，它提供了经济建设、人民生活所需的大部分商品和服务。但是对于我国大部分传统产业而言，依然存在着科研投入少、技术创新能力差、设备陈旧、生产工艺相对落后、材料消耗多、污染严重、效率低的现象，对我国经济的发展非常不利。有人主张我国处于经济转型时期，应放弃传统产业，发展新兴产业。这是错误的。由于我国尚处于社会主义初级阶段，传统产业在我国国民经济中仍占重要地位。

近年来，由于人民币升值、劳动力成本提升、原材料价格上涨、出口退税进一步下调，出口成本不断上升，企业利润空间大幅挤压。随着我国人口红利的消减，劳动密集型产品的比较优势逐步削弱。资本密集型的传统产业发展也困难重重。加快实现传统产业转型升级，不仅是其自身发展的需要，也是我国经济转型升级的必经之路。要想实施创新驱动发展战略，唯一的途径就是用先进技术改造提升传统产业。对于传统产业的转型升级，我国的潜力还是很大的。

以纺织工业为例。由于我国是人口大国，拥有庞大的内需市场，必须要依靠我国自身的纺织业来满足，由此可见，以后的很长一段时间内，纺织业都将是我国最重要的民生产业之一。同时，纺织工业为将近 2000 万劳动力（其中 80% 来自农村）提供了就业保障；我国棉、毛、麻、丝年产量共达 900 多万吨，关系到 1 亿农民的生计。同时，纺织工业也是我国国际竞争优势明显的产业之一，在全球纺织贸易市场占有 1/3 左右的市场份额。因此，要大力开展技术创新，加快纺织工业转型升级，如推进高新技术纤维产业化，即推进高性能、功能性、差别化纤维的研发与应用，提高纺织产品附加值，促进产品功能、性能创新，提升质量档次，提高装备自主化水平，提升我国纺织机械研发制造水平。

提升传统产业，就是要将信息技术彻底地融入传统产业的各个环节当中，发挥信息技术的产业升级"助推器"作用。加大信息技术在关键环节的融合渗透，加快普及企业管理软件的应用、信息资源的开发，还要利用先进工艺技术进行节能技术改造，提高能源利用效率，增强企业竞争力。

企业还可利用先进工艺技术对废水、废气、废渣等"三废"开展综合治理。首钢运用现代环保技术不断提高环境质量，1995年以来，首钢累计投入15.54亿元，先后完成环境治理项目289项，使污染物排放总量大幅度降低，2003年二氧化硫、烟尘、粉尘和无组织粉尘排放量分别比1995年降低74%、86%、73%和83．53%。首钢建成了无污染的高附加值的生产线，生产国内紧缺的汽车用板，高级建筑板、家用电器板，为北京市和国家发展现代制造业和城市建设服务。

二、创新推动产业升级的成效

（一）推进农业科技创新

我国是一个人口众多的发展中大国，农业是国民经济的基础。我国经济发展的历史证明，农业发展好，整个国民经济发展就有可靠的保证。反之，农业发展不好，就会给国民经济的发展和人民生活带来严重的不良影响。

1978年后我国实行家庭联产承包责任制，推动农村经济的快速发展，用有限淡水和耕地资源，为数量约占世界20%左右的人口解决了温饱问题。但我国农业基础仍然薄弱，农业增产、农民增收和农产品竞争力增强的压力将长期存在；农业结构不合理、产业化发展水平及农产品附加值低；日趋恶劣的环境制约着农业的可持续发展；食物、生态安全等问题也尤为突出。从我国的基本国情以及目前所面临的现状来看，要想实现现代化农业建设、加快解决"三农"问题，就应把科技创新放在首位。

美国之所以成为世界农业最发达的国家之一，是因为美国农业科技发达，拥有世界一流的农业生物技术。比如，他们运用基因重组生物技术培育出了多种转基因作物，如具有杀虫功能的棉花、玉米、马铃薯，以及可以抗除草剂的玉米、大豆等，大大提高了农作物的质量和产量。这便有力地说明农业的发展取决于农业科技的进步和创新。

我国农业发展的制约因素主要包括以下几方面：

①农业科技创新能力较弱；

②农业科技发展相对缓慢；

③科研成果转化率低。

农业科技发展滞后已经成为影响农业现代化的最大障碍性因素，如良种技术是农业发展的关键技术之一，但我国种子产业发展滞后，良种国产率偏低，外国公司占据了近七成种子市场。可见，农业科技是确保我国农产品不断供给、农业长久稳定发展的关键，是保证我国粮食安全的坚强后盾，是加快现代农业建设的决定力量。

1. 保障粮食安全

民以食为天，我国作为一个名副其实的人口大国，任何国家都没有能力帮助我国解决人民的吃饭问题。从 2005 年起世界粮食价格一路飙升，引起世界粮食危机。因此，解决我国人民的吃饭问题，只能靠自己。农业科技创新是确保国家粮食安全的重要保障。农业科技创新可以大幅度地提高粮食单产和总产量。据统计，粮食新品种的推广可以使粮食增产 10%~30%，肥料和营养物质农药使用可增产 10%~50%，杀菌剂、杀虫剂可以减少粮食损失 20%~80%。

通过育种技术，培育新品种，提高产量、品质、抗病虫能力，是保障粮食安全的有效途径。

袁隆平培育"超级稻"，使亩产量从 400 公斤提高到 600 公斤，再提高到 900 公斤。"十一五"以来超级稻累计推广面积达到 64384 万亩，占同期水稻种植面积的 21%，累计增产稻谷 415 亿公斤，为我国水稻生产实现"九连增"发挥了极其重要的作用。袁隆平培育"超级稻"不仅为我国粮食增产做出重大贡献，而且杂交水稻已走出国门，正为解决全球特别是发展中国家的缺粮问题发挥作用。至今，已有东南亚、南亚、南美、非洲等 40 多个国家和地区研究或引种，种植面积达 150 万公顷，增产效益十分显著，被世界誉为"中国第五大发明"。为我国乃至世界的粮食安全做出了巨大贡献。

小麦是我国主要粮食作物。目前，我国农业科技人员积极研发 F 型杂交小麦品种推向大田生产的项目，力争用三至四年的时间完成。F 型杂交小麦可覆盖全国整个黄淮流域小麦主产区，推广面积至少可以达到 2 亿亩以上，据测算，按增产幅度 15% 计算，全国推广 F 型杂交小麦每年可增产小麦 150 亿公斤左右，增收 300 亿元，相当于增加耕地面积 4000 万亩，可满足 1 亿人的口粮。

2. 带动常规农业技术升级

以色列是世界农业技术最发达的国家，以色列开展农业科技创新，掌握诸多农业先进技术，如世界领先的生物综合防治技术。为根本解决植物病害，他们利用生物技术研制了第一代防治产品，其原理是利用良性病毒植入作物的幼苗细胞中，从而产生病毒病的免疫能力，目前这项技术已在蔬菜和花卉中运用；在此基础上他们又研发了第二代产品，通过人工合成抗病毒 RNA 片段，植入植物细胞中，产生的抗性物质可以对病毒病终生免疫。这项技术得到美国的质量认证，正向欧盟、澳大利亚推广。

以色列大力发展世界领先的精准农业技术。精准农业技术，主要是利用各种光合传感器对农作物生长实现全程监控，随时获得植物生长的相关数据。具体做法是将传感器与土壤、植物茎秆、叶片、果实的连接，可以随时获得土壤温湿度、空气温湿度、光物质的积累、植物每日每时茎秆粗细变化、液体在茎秆中的流动量、叶片二氧化碳的交换量等，从而通过雷达接收数据，并与计算机连接，通过中心数据库的处理，实现对植物温光水气肥的调节，达到最大的增产目的。从宏观生长情况到微观的物质交换都可以达到精准掌握，能为农场的田间微观控制系统和全国作物生长信息系统数据库提供最准确的数据。

农业科技创新的作用是多方面的。例如，农业自动化技术在美国、西欧和日本已广泛应用于工厂化养殖、工厂化蔬菜花卉生产、仓库管理、环境监测与控制以及农产品精深加工中，实现了配合饲料生产流程的自动控制、日光温室中的温湿度控制、灌溉及采收的自动化控制。通过研制和使用农业机器人可代替人从事一些繁重的农事操作，如苹果收获、挤奶、喷药、组织培养、作物育种等。无土栽培技术不断创新，英国的无土栽培，每平方米生产西红柿 36 公斤，每亩年利润 8000 英镑。美国把温室工厂化养鱼与蔬菜无土栽培结合起来，每平方米产鱼 50 公斤，一年可种 10 茬生菜。

我国要积极借鉴发达国家的经验，加快推动农业科技创新，促进常规农业技术升级，力争在农业生物技术、信息技术、精准农业技术等方面取得一批重大自主创新成果，抢占现代农业科技制高点；着力突破农业技术瓶颈，力争在良种培育、节本降耗、节水灌溉、农机装备、新型肥药、疫病防控、加工储运、循环农业等方面取得一批重大实用技术成果，持续提高农业综合生产能力；重点开展生物技术应用研究，加强农业技术集成和配套，突破主要农作物育种和高效生产、畜牧水产育种及健康养殖和疫病控制关键技术，发展农业多种经营和复合经营，在确保持续增加产量的同时，提高农产品质量。

加强农业科技创新，就是要着重运用农产品精加工、深加工技术。我国农产品的深度与精度加工也比较落后。农产品深度与精度加工是衡量一个国家农业发展水平的重要标志，也是提高农业经济效益和增加农民收入的重要途径。对粮油、肉奶、果蔬、水产品等进行科学加工和综合利用，使其变成人们需要的优质化、方便化、卫生化的系列食品，既能改善人民的生活，又能使农产品价值倍增。据调查，1公斤番茄制成果酱可增值1倍；1公斤柑橘制成饮料可以增值1.3倍。目前发达国家工业生产的食品约占饮食消费的80%~90%，而我国只占25%左右。近年来，我国出现"卖粮难""卖猪难""卖果难"，农民增产不增收等问题，解决这些问题，除了要调整农业生产结构外，最主要的还是要发展农产品的深度和精度加工业。需要指出，农产品深精加工的程度取决于科技创新的程度。美国由于解决了大豆蛋白在食品中的可溶性问题和改变了豆蛋白氨基酸组成，大豆制品已达上百种。

　　加强农业科技创新，还要着力提升农业机械化水平，如不断拓展农机作业技术领域。加强农业科技创新，要着力解决水稻机插和玉米、油菜、甘蔗、棉花机收等突出难题，大力发展设施农业、畜牧水产养殖等机械装备，探索农业全程机械化生产模式，积极推广精量播种、化肥深施、保护性耕作等技术。加强农业科技创新应将农机的重要零部件和产品作为重点来进行研发，对农机进行工业技术改造，进而从各方面提高农产品的质量。

　　3. 实现农业持续安全稳定发展

　　农业科技创新可以持续增强农产品供给，提高农产品品质和质量安全水平。

　　由于我国农业科技创新能力还较弱，我国国产的农产品受到进口农产品的严重冲击，致使我国一些农产品的供给被外国控制。下面以大豆为例来说明。

　　大豆是我国的原产农作物，距今约有4700年的历史。20世纪40—50年代，我国是世界最大的大豆种植和出口国，但现在却成了第一大豆进口国。数据显示，20世纪90年代中期，我国由大豆净出口国转变为净进口国。2002年，我国进口大豆达到1039万吨，2005年达到2659万吨，2007年为3082万吨，2008年达到3744万吨，2009年更达到4255万吨。（大部分来自美国）也就是说，过去不到10年时间里，我国大豆进口量增长了300%! 到2009年每个中国人平均每年要消耗进口大豆32.7公斤，平均每天超过0.08公斤。大豆进口数量还在不断攀升。根据海关统计，2011年进口5264万吨。大豆对外依存度达到80%左右。2013年，我国进口大豆更是达到创纪录的6340万吨。

为何我国从大豆出口国沦为第一大豆进口国？根本原因是我国大豆育种技术落后。首先，在产量上，国产大豆与进口大豆相比，差距较大。在美国，大豆平均亩产可达 170 公斤，国产大豆只有 140 公斤左右，相差 30 公斤。产量的差距直接导致进口大豆的价格优势，因而，农民用国产种子种植大豆没有市场竞争力。其次，国产大豆与进口大豆相比，出油率低。进口大豆的出油率是 19%，而国内普通大豆出油率只有 16%。这意味了国内油脂企业若用国产大豆榨油，每吨加工成本要多花 200 元以上，这一数字在粮油加工这个毛利率不超过 5% 的行业，几乎是致命的。因此，国内企业都用进口大豆来榨油。这使我国国产大豆的种植面积严重萎缩。

　　我国除了大豆育种技术落后外，其他动植物品种育种技术也落后。譬如生猪、良种奶牛以及蛋肉鸡大约有一半以上的数量来源于进口，而高端蔬菜花卉品种几乎全部要依赖进口。发达国家利用科技优势占领国际良种市场，如美国的孟山都公司在玉米、大豆、棉花等多种重要作物的转基因种子市场上，占据 70%~100% 的份额。全世界超过 90% 的转基因种子，都使用它的专利。所谓转基因技术，就是从某种生物中提取所需的基因，将其转入另一种生物中，使它与另一种生物的基因进行重组，从而产生具有优良"遗传性状"的生物体。孟山都的大豆、玉米、棉花等转基因种子，就是因为植入了另一种生物的基因，而有抗虫或抗药的特性。转基因的植物、动物品种有明显的优势，如优质高产、抗虫、抗病毒、抗除草剂、改良品质、抗逆境生存等。

　　关于转基因食品问题安全性，人们虽有争议，但到目前为止，没有足够事实证明转基因食品能危害人的健康。只要是被批准上市的转基因食品就是安全可靠的，不会对健康造成危害。欧洲委员会的报告指出：转基因作物并未显示出给人体健康和环境带来任何新的风险；由于采用了更精确的技术和受到更严格的管理，它们可能甚至比常规作物和食品更安全。我国农业农村部于 2013 年 6 月又批准发放了三个转基因大豆进口安全证书。

　　因而，为确保我国农业持续安全稳定发展，必须大力加强农业科技创新，切实提高我国育种技术水平，其中包括发展转基因技术，如解决国产大豆萎缩和危机问题，根本途径还是要靠科技创新。据业内人士称，我国黑龙江大豆蛋白含量高，具有纯天然的特点。如果我国能在保持这一优势基础上，培育出优质高产的大豆品种，我国国产大豆就一定能击败进口大豆。

　　4. 节约型农业的建设

　　由于之前传统的农业生产方式，导致我国的淡水资源和耕地资源日渐紧缺，保护生态环境的任务也越来越艰巨，这就意味着传统的农业生产方式已经无法再继续下去。推进农业科技创新，大力建设节约型农业和生态农业，这是突破资源环境约束压力的必然选择。

要想建设节约型农业，就是要按照科学发展观的要求，在对资源进行开发的同时，做到资源的节约，把节约放在建设节约型农业的首要位置。提高资源的利用率，主要体现在节约用地，合理使用水资源，减少肥料、农药的使用，避免种子的浪费，降低能源的消耗量，做到资源的循环利用，让节约的意识在我们的头脑中根深蒂固。同时，我们还应该根据不同区域的资源特征，提供合理的农业结构调整方案，建立节约型农业建设机制，从而更有效地对农业资源进行保护，加快建设节约型农业的进程。

（1）合理利用耕地

若想做到合理的利用耕地，提高耕地的利用率，主要从以下三方面进行。

①提高耕地利用率，首要的就是提高耕地质量。我们要做的就是对耕地的地力进行全面的调查，通过网络监测系统对耕地质量进行实时的动态管理。

②除了对耕地质量进行调查和监测以外，最有效提高耕地质量的方式就是做到对耕地进行保护，比如大力推广绿肥的种植，不仅可以增辟肥源，还具有改良土壤的作用。同时，我们还可以通过将秸秆覆盖在耕地上，以起到对耕地的保护作用，也可通过过腹还田的方式，将秸秆作为饲料喂以牲畜，通过牲畜的消化吸收形成粪便施入土壤，这种方式不但可以培肥地力，而且对耕地无任何副作用。以上这些保护性耕地技术以及耕地培肥的方式，可以有效地加快中低等耕地向优质耕地转化的步伐。同时，一些基础设施，比如田间水利、机耕道路等也需要做进一步的完善。

③充分改革传统的耕地制度，提高在同一地块耕地面积上种植农作物的平均次数，充分开发利用土地、水源、太阳光等资源，努力做到低耗能、高产出。

（2）建设节水型农业

建设节约型农业，关键的一步就是要做好节水工作，特别是大中型灌溉区。优化节水技术，研发效率更高的节水设备，全面开展节水农业。

①根据旱作地区的现实条件，采取不同的节水措施，有针对性的推广节水农业技术，比如深耕土地，将地下的土地翻过来，使秸秆、草种、病虫等充分置换，有效地打破犁底层，为土壤提供肥料；深松土地也是松动底下土壤，打破犁底层，同时起到更好地蓄水保墒的作用；除此以外还可以采取集雨蓄水节灌，提高自然降水的利用率；采用抗旱点种的栽培模式，在播种的同时进行局部灌溉；将质量好、抗旱性强、年产量高的品种筛选出来；因地制宜地确定种植结构；等等。

②开展节水型栽培模式。做好田间灌溉的节水工作，增设支渠、毛渠等灌溉设施。

（3）高效利用农业投入品

①根据作物需肥规律、土壤供肥性能和肥料效应，在合理施用有机肥料的基础上，依据农业科技人员的指导，在合适的施肥时期，科学的施用配方肥，同时要优化施肥方法，逐步将通用性复混肥替换成专用配方肥。

②尽可能减少农药的使用量，在必须要使用的情况下要尽可能选择毒性低、残留少、效率高的农药，采用新型的施药器械，提高农药的利用效率。

③通过对种子进行一系列加工处理，比如通过专用机械精选出优良的种子，或者采用机械或者人工的方法，按一定比例将含有种子生长过程中所需成分的种衣剂均匀地包裹在种子的表面，形成一层药膜，从而达到增产增收的目的，这种方式就是包衣。除此以外，还可以采用药剂拌种等方式，从而达到提高种子质量的目的。

④大力推广精量、半精量的播种技术，提高种子的利用率。

（4）推广生态养殖业

大力推广和发展生态养殖业，是我们在建设节约型农业的过程中，提高环境的承载能力和发展潜力的重要保障。

①大力推广绿色高效的生态畜禽养殖技术，以达到节省饲料，降低能源消耗的目的，即在符合条件的地区，建设绿色生态高效的养殖小区。

②充分利用草原的禁牧区、休牧区以及轮牧区，采用舍饲或者半舍饲的方式对牲畜进行圈养。

③开发渔业资源，推广生态水产养殖技术。

（5）发展农业装备节能化

随着惠农政策的出台，越来越多的农民选择用机器代替人工，进而农业机械化的发展水平也有了一个很大的飞跃。所以，务必要想尽一切办法使农业装备的耗能降到最低，做好农业机械节能的工作。

①要想做好农业机械节能的工作，首要的任务就是要在短期内替换掉之前耗能高、技术相对落后的老式农业机械和设备。

②推广使用像磁化节油、燃油添加剂等类似的节油产品，使用如复试联合作业机具等农业机械，尽可能地减少机械作业的环节和次数，以达到降低农产品生产过程中能源消耗的目的。

（6）充分利用可再生资源

开发农村可再生能源，是一项立竿见影的决策，前景相当可观，在改善农村生活环境条件的同时，也很大程度上减轻了国家能源方面的压力。所以说，开发农村的可再生能源是一项历史性的决策。对于我国发展节约型农业有着非常重要的意义。

①基于农村特有的生活环境，一些废弃的秸秆或者动物的粪便不易处理，所以，在农村普及沼气便成了一项很有发展前景的事情。一方面，可以降低对环境的污染，大大提高农村的生活环境；另一方面，废弃秸秆、动物粪便发酵产生的沼气可以为人们提供生活用能。

②加快可再生能源的开发和利用。

③大力开展社会主义新农村建设，提高农村生产、生活废弃物的循环利用率，增强养殖业所产生废弃物的处理力度。

（7）开展乡镇企业节约工作

合理调整乡镇企业结构，将节能降耗工作落实到各个行业，达到清洁生产的目的。

①加大对构建节约型农业的宣传力度，设立激励机制，以调动各乡镇企业节约的积极性，同时也要设立惩戒制度，强化管理，使各乡镇企业自觉地参与到节约的行列中来。

②鼓励各乡镇企业实行节能技术，对耗能高的设备进行改造或者替换，提高资源利用率的同时也提高了企业的经济效益。

依靠农业科技创新，大力发展生态农业。生态农业是依据生态学原理和经济学原理，应用现代科学技术成果，从而获得较高的经济效益、生态效益和社会效益的现代化农业。要想积极发展生态农业，就要加强防治病、虫、草、害的技术创新，综合利用生物防治、物理防治等技术，尽量减少化学农药、化学除草剂的施用量，提高农产品质量。

此外，还要依靠科技创新，加强农业生态建设。搞好"三北"防护林体系等工程建设，加强水土保持工作，实施好天然草原退牧还草工程，做到科学开发农业资源，实现人与环境和谐。

5. 推动农业技术发展和应用

现代农业信息技术是以传感技术、通信技术和计算机技术为主，实现农业生产活动有关的信息采集、数据处理、判译分析、存储传输和应用为一体的集成农业技术。目前，农业信息技术已广泛渗透到农业的各个领域当中，促进了农业生产、销售等环节的进步，如有助于实现农业自动化生产；有助于对自然环境的实时监测，指导农业生产、管理，最大限度地避免自然灾害对农业造成的损失；有助于提高对农业和农村经济发展的决策水平，实现科学化管理。发展现代农业信息技术，还促进信息服务和农业电子商务的产生。

在我国建立起低成本、多样化、广覆盖的"三农"信息服务和有利于农产品销售的电子商务体系，为农业生产经营主体提供及时有效、适用性强的信息服务，大大加快了农产品的流通。

为此，我国要在现代农业信息技术的发展和应用上有新的突破，在农业信息资源的处理和获取、农业系统模拟与数字农业、农业生产管理与专家系统和农业遥感与信息实时处理等方面迅速向生产、生态和生活各环节渗透，从而有效推动农业产业化的步伐，促进农村经济发展。大力推动现代农业信息技术，是我国农业突破资源、环境、市场等多重约束，持续发展的根本出路。

（二）推动服务业发展

服务业又称第三产业。按国家统计局分类，服务业分为四类：
①基础服务（包括通信和信息服务）；
②生产和市场服务（包括批发、物流、金融、中介等专业服务）；
③个人消费服务（包括教育、医疗、住宿、餐饮等）；
④公共服务（包括政府部门的公共管理服务、公共卫生、基础教育等）。

现代服务业相较于传统服务业而言产生和发展起来的，更加适合现代人和现代城市发展的需求的具有高技术含量和高文化含量的服务业。现代服务业是一个国家的经济发展水平、经济活力、发展潜力和竞争力的重要标志。发达国家的现代服务业在国民经济中占据重要地位。

发达国家的经验告诉我们，要发展壮大现代服务业，主要是靠创新来驱动的，如现代服务业的重要表现 —— 动漫产业，它是以设计、制作、生产、销售和人才培养为产业链的二维和三维动画、网络动画、影视动画、游戏动画及衍生产品开发的产业，是文化、艺术与现代科学技术高度结合的新型产业。由此可见，动漫产业是文化、艺术与现代科学技术高度结合的新型产业，是以创新为动力的现代服务业，有着广泛的发展前景。日本动漫产业发展快，靠的是创新，如制作技术的创新。创作于 1998 年的《主之 6 号》，首次把全新的 3D 技术和 2D 动画结合了起来。这种制作方法不仅节约了大量成本，同时克服了两种技术各自的不足，又发挥了它们的优点。

对我国而言，动漫产业是一项蓬勃发展的产业。国务院也推出了一系列推动我国动漫发展的政策措施。要通过技术创新和商业创新，不断完善动漫产业链条，加强动漫产业与服装、玩具、食品、文具以及其他产业的合作。通过实施动漫出版扶持计划，打通动漫创作、出版、发行等环节，为动漫产业提供更加畅通的出版渠道。到"十二五"末，电视动画年产量保持在

5000 小时左右，动画电影年产量保持在 30 部左右。同时，积极推动传统动漫产品通过新媒体传播，鼓励面向移动互联网等新媒体渠道及手机、平板电脑等智能终端的动漫创作和理论研究，推出一批具有较强影响力的新媒体动漫精品。总之，国产动漫的发展应通过技术的创新，不断延伸动漫产业的链条。

物联网产业是建立在科技创新基础上的又一现代服务业。统计显示，2011 年我国物联网产业市场规模为 2000 亿元。2012 年则达到了 3650 亿元。我国物联网在交通、电力、医疗等领域已经有了比较成功的应用，但面临的突出难题是核心技术缺乏等问题。物联网产业链涉及感、传、知、用、管等多个环节，而在这些环节当中，"感"目前是我国最为薄弱的环节。国产的传感器芯片已经大规模使用，例如公交卡、酒店的房卡，以及手机近场支付等领域。但是，高频和超高频等高端芯片，如酒品和服装的标签，和国外相比依然有欠缺，有待进一步的技术突破。

为加快我国物联网产业发展，在国务院指导下，2013 年 10 月 24 日，"物联网产业技术创新战略联盟"在北京成立。它是由我国物联网产业链优势企业、科研院所、高校、组织共同发起组建的首个国家级物联网产业战略联盟。联盟的成立对于加强物联网产学研紧密结合、开展物联网重大技术协同创新、形成产业核心技术和标准、推动物联网及相关产业实现重大科技突破具有重要意义。组建物联网联盟是落实创新驱动发展战略的重要举措，它有助于实现物联网核心技术的突破，使物联网产业成为我国现代服务业的支柱。

互联网金融是建立在现代信息技术基础上的一种服务方式的创新。由于它以移动支付和第三方支付代替传统支付，故支付便捷，大幅减少交易成本。我国有良好的发展互联网金融的社会基础。2012 年我国互联网用户规模达 5.64 亿，手机互联网用户达 4.2 亿。因此，互联网金融在我国发展迅猛。2012 年，淘宝和天猫两大电子商务市场的移动在线交易额增长 6 倍。据互联网研究机构艾瑞咨询统计，2012 年中国第三方支付市场整体交易规模达 12.9 万亿元，同比增长 54.2%，其中第三方移动支付市场交易规模达 1511.4 亿元。由此可见，互联网金融是有强大生命力的现代服务业。

三、创新推动产业升级的技术保障

实施创新驱动战略，必须着力提高创新驱动的能力。我国创新驱动的能力较弱，主要表现在掌握关键的核心技术少，缺乏创新驱动的技术源泉。当今时代，科学技术已成为第一生产力。科技创新是经济发展的强大杠杆，如推动经济增长和知识传播的信息科技、使人类生活水平和生活质量得到进一步提高的生命科学和生物技术、进一步化解世界性能源和环境问题的能源科技、促进人类对太空资源开发和利用的空间科技。基础研究的重大突破将为推动技术和经济发展提供新的前景。

新中国成立以来，我国在科技上有不少突破，如两弹一星，袁隆平的杂交水稻，但我国在关键核心技术方面掌握并不多，很多核心技术要依赖国外，很多产品要靠进口。如在新一代信息技术产业中，最核心的产品集成电路芯片，我国连续多年大量进口。还有计算机软件，主要也是依赖外国，如笔记本电脑的操作系统，智能终端的操作系统等。由《信息化蓝皮书》编委会和社会科学文献出版社共同出版的《信息化蓝皮书：中国信息化形势分析与预测（2010）》指出，中国信息化核心技术缺失，通用计算机 CPU 和基础软件 90% 以上依赖进口。虽然中国已经研制出了世界上最先进的千万亿次超级计算机，但是，其中数以万计的微处理器则完全依赖进口。

我国应集中力量攻克一批关键核心技术，要贯彻有所为，有所不为的方针。例如，在制造业领域，我国应着力提高装备设计、制造和集成能力，掌握高档数控机床、工作母机、重大成套技术装备自主设计制造技术；在能源技术领域，我国应着力攻克主要耗能领域的节能关键技术，重点研究开发冶金、化工等流程工业和交通运输业等主要高耗能领域的节能技术与装备，机电产品节能技术，高节能、长寿命的半导体照明产品，能源梯级综合利用技术等；在环境保护技术领域，重点攻克重污染行业清洁生产集成技术，掌握发展循环经济的共性技术及废弃物等资源化利用技术等；在信息技术领域，着力突破制约信息产业发展的核心技术，掌握集成电路及关键器件、大型软件、高性能计算、宽带无线移动通信、下一代网络等核心技术，要改变关键部件（主板、CPU、内存、硬盘）靠进口的状况。我们还应把生物技术作为未来发展的一项高技术产业，充分应用到农业、工业、人口与健康等领域。

只要我们刻苦攻关，攻克一批关键核心技术，就能大大提高我国自主创新能力，为实施创新驱动战略提供技术保障。

第四章　创新驱动发展战略视角下科技创新人才概述

创新驱动是国家命运所系。党中央"十八大"提出的创新驱动发展战略，对人才提出了新的要求，在新的发展战略下，要培养科技创新型人才，以推动我国的繁荣建设。本章简要阐述创新驱动发展战略视角下科技创新人才的内涵以及创新驱动发展战略视角下科技创新人才的开发。

第一节　创新驱动发展战略视角下科技创新人才的内涵

一、人才的内涵

（一）人才的概念

关于人才的概念，学者们从各个角度进行了阐述，如下。

新编《辞海》对人才的解释是"有才识学问的人，德才兼备的人"。他们的创造性劳动，为人们认识和改造社会以及人类进步做出了并正在做出较大贡献。

《新华字典》对人才的解释：人才是那些具有良好的内在素质，能够在一定条件下通过不断地取得创造性劳动成果，对社会的进步和发展产生较大影响的人。

俞果在其《人才学基础》中指出，人才是"以主观的智能创造性地运用于实际并卓有成效者"。

2010年6月国家发布的《国家中长期人才发展规划纲要》认为，人才是"具有一定的专业知识或专门技能，进行创造性劳动并对社会做出贡献的人，是人力资源中能力和素质较高的劳动者"。

随着全面建设小康社会进程的发展，我国需要调动一切积极因素，使其为经济发展尽一份力。单纯以学历和职称作为人才评价标准的传统观念已经落后，社会对人才需求的数量与质量越来越多样化。

（二）人才的特征

综合以上各种关于人才概念的表述及人才的划分，可以看出人才的特征，归纳起来主要包含以下几方面的内容。

①时代性和社会性：人才是一定历史和社会条件下的产物，离开了历史和社会，人才就不能称为人才。

②内在素质的优越性：人才内在素质的优越性是指，人才具有较高的内在素质，没有较高的素质就难以成才。

③社会实践性：人才应具有丰富的社会经验，人才的成果应经过实践的检验。

④普遍性和多样性：不同行业不同岗位上都可能出现人才，正所谓"行行出状元"。

⑤劳动成果的创造性：人才的劳动成果应是创造性的，不应是重复性或模仿性的劳动成果。

⑥贡献的超常性：由于人才的劳动成果是创造性的，因此，人才的贡献是超于一般人的。

⑦能力的差异性：不同行业的人才各有所长，同一行业中的人才也各有千秋。

⑧作用的进步性：人才能以其创造活动改造社会，从而推动社会的发展和进步。

综上所述，我们认为人才是那些具有良好的内在素质，能够在一定条件下通过自身的创造性劳动成果，对社会发展产生影响的人。

二、创新人才的内涵

（一）国内对创新人才的阐述

20 世纪 80 年代，我国开始倡导人才培养。20 世纪 90 年代，我国开始创新人才的研究，此时出现了一些专门探讨创新型人才的著作，如蒙天雄编著的《创造型人才的培养》等。

关于创新人才的概念，大家的看法并不一致，以下列举几种比较有代表性的观点。

创新人才是具有创造能力，富有创造性，能够提出新问题、解决新问题，开创新局面，为社会发展起到创造性贡献的人。

创新人才一般具备扎实的基础理论知识，丰富的科学文化知识，良好的科学道德，对未知领域勇于探索的精神。

创新人才应具有以下特征：①不同于模仿和重复活动，创新人才能够创造出新事物；②具有创新性思维和创造精神；③具有创新能力。

（二）国外对创新人才的阐述

在国外的文献中，很难发现"创新型人才""创造型人才"的相关概念。国外主要从心理学角度研究创造性思维和创造性人格。

德国教育学家卡尔·西奥多·雅斯贝尔斯（Karl Theodor Jaspers）提出"全人"的理念，他认为"全人"应具有基本的科学态度、适宜的个性特征、广泛的科学知识等特征。

美国心理学家吉尔福特（J. P. Guilford）认为，创造性人格应具有旺盛的探索和求知欲、高度的自觉性、丰富的想象力、强烈的好奇心、广泛的知识、出众的意志品质等。

综上所述，创新人才应具有坚实的理论与实践经验，具有创新精神与创新能力，在某一方面做出突破性创新的人才。

创新人才一般有以下三个来源：①从大量的生产实践过程中成长起来的产品和技术创新人才，此类人才具有丰富的生产实践经验；②从科研单位走出来的研究型创新人才，此类人才具有扎实的基础理论，广泛的知识，能开辟出新的研究领域，带领一批研究型人才占领制高点；③从企业中成长的管理型创新人才，此类人才具有很强的管理能力，长远的市场眼光。

三、科技创新人才的内涵

随着科学技术的迅猛发展，国家对人才提出了更高的要求，即培养大量科技创新人才。信息与知识是促进经济发展的重要推动力，是提高综合国力的重要组成部分。企业为提高市场竞争力，也需发现和培养科技创新人才，开发他们的创新潜力。

（一）科技创新人才的含义

科技创新人才是一个相对性的概念。科技人才的创造性具有空间和时间的差异特征。从空间来看，科技人才的创新思维与其当地的文化氛围密切相关，与微观组织的体制等也存在诸多联系；从时间来看，科技人才的创新能力不是天生具有的，是建立在认识世界和了解世界的基础上的，科技人才的创新能力还体现出历史继承性，后人借鉴前人的经验，创造出更丰富的创新成果。另外，由于科技人才的素质各不相同，科技创新人才的创新成果也各不相同。

科技创新人才是一个动态性的概念。科技创新人才的创新能力可以充分发挥，由隐性状态转化成显性状态。在创新过程中，管理者建立有利于科技和创新发展的环境，形成有利于科技创新人才发展的氛围，激发科技人才的创新潜能，以培养科技创新人才。

本文认为，科技创新人才应具有较强的科技开发能力、专业技术能力、创新能力，能够参与科技研究活动，进行创造性活动，取得创新型成果。

科技创新人才应具有以下特征：①具有扎实的基础理论知识，不仅精通本专业的基础知识和发展前沿，还应了解其他相关学科的知识，具有广阔的知识面；②具有严谨的科学思维能力，能对事物进行科学系统的分析，做出正确判断；③具有创新精神和创造能力，勇于创新，具有强烈的探索和求知欲望，敢于面对困难，应符合科学发展规律；④具有敏锐的洞察力，能及时把握科技发展趋势，善于发现。

（二）科技创新人才的分类

1. 基础研究和应用基础研究人才

基础研究和应用基础研究人才主要进行理论性和实验性工作，揭示事物的基本原理和发展规律，不以特定的实际应用为目的。

2. 技术开发和应用研究人才

技术开发和应用研究人才以特定的实际应用为目的，其工作主要是为确定某一具体成果的用途，或为达到某一特定目的确定新的方法。技术开发和应用研究人才主要来源于科研院所和技术开发机构。

3. 科技成果转化人才

科技成果转化人才主要为研发成果投入生产或在实际应用中存在的技术问题进行系统性的活动。科技成果转化人才的活动虽然不具有原创性，但其活动是为研发服务的，是技术创新和研发活动的延续，也是科技转化为生产力的一个重要阶段。

4. 科技创业人才

科技人员利用其科研成果，创办企业，在激烈的市场竞争中，逐渐发展成具备科技创新能力和管理能力的人才，即科技创业人才。科技创业人才是我国民营科技企业发展的主力军。

四、科技创新人才的素质要求

科技创新，人才是关键。没有大量高素质的科技创新人才，就难以实现科技创新。科技创新人才的素质要求具体来讲包括以下几方面。

（一）科技创新能力突出

1.科学观察能力突出

科学观察的任务是取得第一手科技信息资料，因此，科技创新人才应具有突出的科学观察能力和活跃的思维能力。科学观察是在科学理论的指导下，有目的的、有意识的感知活动，而不是单纯通过感觉器官被动、盲目的感受过程。科学观察一般借助一定的科学仪器，去考察和确认一些现象。

科学观察是科技创新的重要途径。例如，李四光之所以能在地质学上取得卓越的成就，与其多年科研工作中不断坚持观察和调查密切相关。李四光一生不畏艰辛，走到哪里就观察到哪里。他观察总是严肃认真，毫无马虎之处。再如，巴普洛夫之所以能在生理学上取得非凡的成就，离不开他对观察的重视。这些都足以证明科学观察的重要性。

2.科学实验能力强

单凭观察所得出的结论，是不能充分证明其必然性的，这时就需要科学实验来弥补科学观察的不足。实验是人们根据特定的研究目的，利用科学仪器，人为模拟自然现象，以便在有利条件下进行观察和研究，使研究结果更加精准。科学实验是研究者发挥主观能动性，有意识地变革自然，接受自然的信息，揭示自然的奥秘。

科学实验是科技创新的重要手段。例如，土力学家太沙基在一些水电站工程中，看到许多地基意外失败，意识到当时对土的力学性质的认识不能解决实际问题。于是他下决心开始进行对土的力学性质进行长期的科学实验，形成了土的固结理论和土力学有效应力的概念，并出版了《土力学》。因此，科技创新人才应具有优秀的科学实验能力。

3.创造性思维活跃

科技创新是科学研究的永恒话题。创造性思维是科技创新的灵魂，因此，科技创新人才应具备活跃的创造性思维。创造性思维是创造者在创新意识的引领下，借助直觉、灵感和联想等因素，将大脑内的知识和信息进行重新组合，对信息进行升华，形成具有创新价值的新知识、新观点、新方法、新技术等，从而推动科技进步。

创造性思维是人类思维活动的最高表现形式，是科技创新的灵魂。从人类社会整个科学技术历史来看，几乎所有的科技创新成果都是创造性思维的结晶。例如，牛顿由苹果落地发现万有引力；威廉·伦琴由更换实验器材时发现手骨在墙壁上的投影而发现了 X 射线；凯库勒由蛇咬自己的尾巴发现苯环结构；珀西·勒巴朗·斯宾塞由口袋中的巧克力被磁控管融化而发明了微波炉。相反，科研工作者如果被思维定式束缚，则不能发现更深层的矛盾，降低创新思维的活跃程度，失去创新能力，就不能创造出新成果。

4. 善于捕捉机遇

科技创新人才善于抓住机遇。机遇是科技创新人才成功的外部条件之一，是人才显露才能，进行发明创造的机会。事实上，有很大一部分的科技创新成果是"偶然"获得的。这是因为，一些新事物、新发明、新技术的出现，是人们难以作出预见的，在旧的科学范式中，难以找到相应的位置。

机遇只是科技创新人才的发明创造获得成功的外部条件之一，没有自身的努力是不能抓住机遇的。科学发现虽有赖于机遇，但却不能靠运气与瞎碰。因此，科技创新人才应善于抓住机遇，具有敏锐的观察能力，对事件的进程时刻保持警觉，一旦机遇出现，就及时抓住，找到解决问题的线索。英国细菌学家弗莱明对青霉素的发现就得益于机遇，得益于他敏锐的判断力，在实验过程中抓住了别人不以为意的线索。

（二）广博的知识基础

知识是人类智慧的结晶，是创新的源泉。科技创新人才的科研能力和创新能力与其广博的知识基础密不可分。科技创新人才通晓的知识越广泛，其视野就会越宽广，思维就会越宽泛，见解就会越深刻。

一个人的知识和实践经验越丰富，其产生新设想的概率就越大。如果只在一个狭窄的领域钻研，在一个问题上考虑，就难以发散思维，把思维扩展到其他领域，从其他领域中获得启发，难以实现与其他领域的互通有无。因此，科技创新人才应具有广博的知识基础，扩宽自身的知识视野，才能使自身的创造性思维更加活跃，提高创造能力。

（三）具有创新精神

1. "勇于献身科学"的精神

科技创新能力不仅包括对科技创新的技术能力，还包括对科技创新研究的精神能力。科学研究是一项漫长、枯燥，回报低、回报慢的活动，任何一次思想的进步、发明的创新都不是一朝一夕能够实现的。这就需要科技创新人才应具有"用于献身科学"的精神和对科学研究持之以恒的决心。

2. 非凡的胆魄

科技创新人才既是智者，也是勇士。科技创新人才应具有非凡的胆魄，有勇于创造的精神；有不畏困难，勇于跨越障碍，不受传统思维束缚的勇气和信心；有不断追求真理的精神，需要尊重事实，承认真理，并善于辨别事物真伪，抓住事物本质；有敢于班门弄斧、敢于东山再起的精神，只有这样，才能取得创新成果。

3. 坚韧的意志

科技创新人才应具有坚韧的意志，不达目的誓不罢休的干劲。意志是自觉确定目的、支配行动、克服困难的心理倾向。科技创新人员每天与困难打交道，只有克服困难才能取得成果。因此，科技创新人才在困难面前，应具有持之以恒的精神、坚韧的意志、百折不挠的干劲。

科技创新工作的困难是多方面的。①科技创新工作是探索未知世界，寻找别人没有发现的东西，去开辟一条前人没有走过的路；②科技创新可能会遇到自身知识与能力不足、研究环境不足、研究经费不足等问题；③科技创新如果没有科技创新工作者坚韧的意志，遇到困难就半途而废，是不能创造出成果的；④科技创新是一项长期枯燥乏味的活动，需要进行大量复杂的科学实验，还会遇到无数次失败的打击；⑤由于人们对新事物的抵制和接受不足，科技创新还可能会受到社会的影响。

（四）团队合作精神

科技的创新、产品的开发一般都不能由一个人单独完成，而是需要一个团队共同协作完成的。随着"科研—成果—产品"的转换周期越来越短，因此，产品的开发需要更多的各类人才进行合作。另外，产品的竞争，也需要公关社交能力。

综上所述，科技创新人才应是一个复合型人才，是能胜任政治、经济、科学、文化等部门工作的开拓型和通用型人才。

第二节　创新驱动发展战略视角下科技创新人才的开发

一、科技创新人才开发的基本理念

（一）人才资源是第一资源

人才资源是最宝贵的资源。人才是科技进步的重要推动力，是先进思想、先进文化、先进技术、先进产品的创造者。人才具有主观能动性和创造性，这是其他资源和要素所没有的。人才资源开发是一切其他资源开发和利用的前提，没有高素质人才，就难以实现我国的政治、经济、科技、文化的长久稳定发展。

（二）大人才、大开发理念

传统人才观以学历和职称为人才评判标准。科技创新人才开发应树立大人才、大开发的理念，突破传统的学历和职称的人才评判标准，重资历但不唯资历，应不拘一格降人才。

（三）人才资本投资是收益最大的投资

科技创新人才不仅是一种资源，更是一种资本。人才资本投资是收益最大的投资，因此，应改变长期以来重视物质资本投资，而轻视人才资本投资的观念，主动引进人才。

（四）人才资源配置市场化的理念

各类人才可以在广阔的市场中选择职业，各类企业也可以在丰富的求职信息中，寻找需要的人才。当前人才资源管理中存在一定的问题，即人才资源市场化程度不高，导致人才不足或人才挤压。因此，科技创新人才开发应树立人才资源配置市场化的理念，人才管理应及时了解市场发展动向，实现人才资源配置的优化，实现人才价值的最大化。

（五）人才竞争国际化的理念

经济全球化的发展，使人才流动和人才竞争逐渐向国际化发展，人才的开发不再局限于本国或地区，超越了国家或地区的范畴，逐渐发展成全球化的人才资源开发和配置。因此，科技创新人才开发应树立人才竞争国际化的理念，以开放的胸怀，充分利用好国际市场，还有制定好相关政策，吸引国内外的优秀科技创新人才，为经济和科技建设服务。

二、科技创新人才开发的作用

（一）促进经济和社会发展

科技创新人才资源是推动经济发展、社会进步、科技创新的战略性资源。科技创新人才是有科学技术能力和创新能力的综合性高素质人才，对促进经济发展以及科技创新具有重要作用，甚至从某种程度上来说，起着决定性的作用。另外，科技创新人才的重要性在综合国力的竞争中也逐渐显露出来。

统筹科技创新人才发展应成为提升国家创新能力的关键环节。科技创新人才开发应树立并巩固人才优先发展的理念，把科技创新人才的培养工作放在科技发展工作的突出位置；打造良好的科技创新人才发展环境，改善现有体制，建立新的体制；建立一支科技创新人才队伍，加强对科技创新人才培养的引进，以人才高地支撑经济和社会的发展。

（二）提升我国科技竞争力

相关数据显示，我国的科技竞争力在世界上处于中等偏下水平。当前我国科技竞争力不足，是影响我国提升综合国力的原因之一；而科技竞争力不足的重要原因之一是科技创新人才的数量和质量不足。

（三）提升企业核心竞争力

科技创新人才是评价企业核心竞争力的重要标准。据了解，西方发达国家以科技创新人才数量为判断企业实力的主要标准，而不是看企业的规模程度和收益情况。他们认为，拥有越多数量的高质量科技创新人才，就越有发展潜力。一般价值的产品，拥有两个这种人才，就能创造；而拥有十个这种人才，则能创造出核心技术。

（四）有利于建设创新型国家

人才因素是影响国家自主创新能力的基础性因素。建设创新型国家的关键在于提高自主创新能力，建设科技强国的关键在于提高科技研发能力。提高自主创新能力和科技研发能力的关键在于人才，特别是科技创新人才。科技创新人才为建设创新型国家提供了人才保证和智力保障。因此，开发科技创新人才，对推动创新型国家建设十分重要。

三、科技创新人才开发机制的构建

（一）建立创新成果终端转化的企业导向机制

企业是市场的主体，也是科技创新人才开发的主体。因此，科技创新人才开发应充分发挥企业的作用，建立创新成果终端转化的企业导向机制，使企业真正成为科技创新活动的主体，切实增强企业科技创新的活力。

建立创新成果终端转化的企业导向机制应做到如下几点：应对现有人才政策进行全面梳理，把人才优惠政策扩大到企业，制定鼓励科技创新人才走进企业的政策；应鼓励科技创新人才自主创业，并提供相应的优惠政策；应建立和完善统筹协调机制，鼓励企业建立技术研发机构，鼓励企业与国内外研究机构和高校等联合研发；应建立和完善人才要素入股制度，推进企业产权制度创新，鼓励企业以分红或股权等方式激励科技创新人才，调动科技人才的积极性；企业应实现人才开发由人才追随型向人才引领型的转变，增强企业核心竞争力。

（二）改革科技创新人才评价机制

长期以来，我国的科技创新人才评价机制就存在不科学、不合理的问题，在评价标准上存在过于看重学历的倾向，这种评价标准显然与我国市场经济体制不相适应。因此，开发科技创新人才，应改革科技创新人才评价机制。

评价机制应客观真实地反映科技创新成果的效益，不应以科技创新成果的数量为评价标准；评价标准应注重实际价值与潜在价值并重；在专利和论文的评价上，应注重其原创性以及发展前景；在科技创新成果评价上，应注重实际的经济价值和潜在的发展价值。

（三）健全科技创新人才环境优化机制

当前我国科技创新人才的发展环境较差，有待完善，未建立起一个能够供科技创新人才良好发展的环境，因此，应建立和完善科技创新人才环境优化机制，为科技创新人才的发展提供环境保障。

健全科技创新人才环境优化机制应做到如下几点：应建立创新风险保障体系，可探索政策性和商业性的资金投入方式，促进更多资金进入创新风险投资市场，为科技创新发展提供资金保障；应整合我国科技创新信息资源，可建立一批科技馆、科研馆为科技创新人才发挥作用提供物质支撑；对科研机构和高校实验室给予适当的物质资助；还应妥善处理好科技创新人才的住房问题，筹建人才公寓，完善配套设施，优化人居环境。

（四）完善科技创新人才培养机制

1.建立国际化人才的培养路径

我国的科技创新水平离科技强国的标准尚有一定差距，因此，完善科技创新人才培养机制，应建立起国际化人才的培养路径，注重对国际化人才的引进和开发，提高科技创新人才的国际化水平。

建立国际化人才的培养路径可通过如下几种方式进行：在国内外建立人才引进培养基地，专门引进和开发科技创新人才，并进行培养，以充分发挥科技创新人才的发展潜能；改善国家化人才的创业环境，建立高新技术孵化器，为国际化人才创业提供条件；建立国家化科技商务平台，引进国外科技商务企业入驻，吸引国外企业来国内投资，促进国内外科技商务合作，搭建国内外科技商务交流与合作的服务平台，提高我国的科技创新国际化标准；加快推进管理人才专业化、市场化、国际化，打造一批具有全球战略眼光、市场开拓精神以及管理创新能力兼备的人才队伍；实施企业家培育计划，培育优秀企业家和职业经理人队伍，加大对企业经营管理者的奖励力度。

2. 转变高校人才培养导向

当前，我国许多高校在科技创新领域上都存在政策、资金、精力等投入不足的问题，在扩招后只关注学生的数量和经济效益，没有重视培育学生的科技创新能力，忽视了学生的质量和社会效益。仍旧有许多高校沿用传统的教学模式，忽视了对实践性的教学。因此，完善科技创新人才培养机制，应转变高校人才培养导向，加大高校科技创新投入，重视培育学生的科学技术能力、实践能力和创新能力，提高把科技创新成果转变成实际应用的能力。

新的高校人才培养导向具体包括如下几方面：依托科技研究计划，积极培育中青年科技创新人才，在科技项目中对中青年科技创新人才予以重点培养，促进中青年科技创新人才的成长；鼓励高校学生积极开展创新创业活动，学校可开展科技创新苗子工程，给予政策和物质支持；依托科技园和创新创业平台，积极培育科技创新人才。

3. 完善"官产学研金"培养模式

"官产学研金"培养模式是政府、企业、高校、科研机构、金融机构之间相互合作，共同推动科技创新的一种培养模式。在激烈的市场竞争下，许多中小型科技企业的资金链易断裂，这就需要政府在政策上给予一定的倾斜，给予一定的资金支持；需要金融机构的合作与支持，解决中小企业在科技创新投资上的限制；需要高校培养科技创新人才，为企业人才做储备；需要科研机构在科技创新工作上进行协作，共同创新。"官产学研金"培养模式，优化了人才培养环境，使人才在实践中成长。

4. 打造科技创新团队

加强对科技创新团队的支持与引导，培养大量科技创新人才。在战略性产业中，依托承担科技项目和计划的骨干企业牵头科研机构和高校，寻求与相关技术领域的领先团队合作。同时，推行知识、技术、管理等按贡献分配，完善人才激励机制，让科技创新人才充分发挥潜能，既能创造社会价值，又能实现自身价值。

以各类科技计划与工程为平台，以产学研合作项目为纽带，加快培养促进经济和社会发展的重点领域紧缺专门人才。加强一线人才队伍建设，鼓励支持一线生产人员立足于本岗位开展技术创新，提高一线生产人员的科学素质、创新能力与劳动技能。实施国家高技能人才振兴计划，完善高技能人才培养体系，加快高技能人才队伍建设进程。

以服务科研开发为目标，培养一批具有较高专业技能的创新服务人才；围绕创业服务水平，培养一批就业指导、人才选拔、人才培养、人事代理等方面的专业人才；着眼于市场发展趋势和企业发展需求，培养一批市场趋势和产业科技前沿的信息分析人才；依托国家知识产权人才培训基地，培养一批知识产权管理人才；加强科普人才队伍建设，加强对科普人才的培养与在职培训，壮大科普人才队伍。

（五）完善科技创新人才激励机制

1. 完善科技风险投资市场

完善科技风险投资市场，可降低科技创新人员研发的风险，为科技创新提供了资金保障，对科技创新人员形成有效激励。另外，西方发达国家在科技创新领域都比较完善的科技风险投资成功案例，这也对科技创新研发人员以及科技创新投资人员是一种激励。

2. 物质激励与精神激励相结合

对科技创新人才的激励方法应当多样化，科技创新人才激励机制应坚持物质激励与精神激励相结合的原则，可采取分红激励、股票激励以及情感激励相结合的方法。

3. 完善创新成果交易制度

应对科技创新人才的创新成果进行保护，完善知识产权相关法律法规，保护知识产权，完善创新成果交易制度，降低交易成本，为智力投入与技术创新创造良好的交易通道。

四、科技创新人才选拔体系构建

（一）人才特质维度构建

科技创新人才特质要素涉及科技人才的价值观、道德、人格、团队和自我定位与自我推动。科技创新人才特质要素维度具体指标见表4-1。

表 4-1　科技创新人才特质要素维度指标体系

终极性价值观	20%	愉快因子（幸福、家庭的安全、自由、内心和谐、真诚的友谊） 成就因子（社会赞许、有成就感）
工具性价值观		基础工具因子（服务信念因子、能力因子、宽恕因子） 深层工具因子（诚实自制因子、理想因子、自我调节因子、独立因子）
道德	20%	行为判断因子 正义义务因子 目的因子

人格	20%	乐群性 智慧性 稳定性 影响性 活泼性 独立性 自律性
团队	20%	混合协调角色因子 混合监督角色因子 信息角色因子
自我定位与自我推动	20%	内外向性分析 心理健康水平分析 专业成就分析

在具体指标的度量上，主要采取自陈式问卷（量表）的方法进行描述和度量。

（二）科研积累维度构建

科研积累维度的指标构建主要参考相应指标的设定。由于科技创新人才成长效益与其科技创新成果效益在资助后才能体现出来，因此，需要根据科技创新人才的前期科研累计来评估科技创新人才的发展效益。科研累计维度具体指标见表4-2。

资助前项目：$Af=Af1 \times af1+Af2 \times af2+Af3 \times af3+Af4 \times af4$。

资助前论文：$Bf=Bf1 \times bf1+Bf2 \times bf2+Bf3 \times bf3$。

资助前著作：$Cf=Cf1 \times cf1+Cf2 \times cf2$。

资助前专利：$Df=Df1 \times df1+Df2 \times df2+Df3 \times df3$。

表 4-2 科研累计维度指标体系

一级指标	二级指标	三级指标	业绩点
科技成果效益（P_f）	项目（A_f）	国家级项目数（A_{f1}）	a_{f1}
		省级项目数（A_{f2}）	a_{f2}
		其他项目数（A_{f3}）	a_{f3}
		国际合作项目数（A_{f4}）	a_{f4}
	论文（B_f）	论文数（B_{f1}）	b_{f1}
		国内核心、国际论文数（B_{f2}）	b_{f2}
		论文索引数（B_{f3}）	b_{f3}
	著作（C_f）	著作数（C_{f1}）	c_{f1}
		字数（万字）（C_{f2}）	c_{f2}
	专利（D_f）	专利申请数（D_{f1}）	d_{f1}
		专利批准数（D_{f2}）	d_{f2}
		发明专利、国际专利数（D_{f3}）	d_{f3}

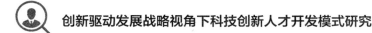

（三）课题特征维度构建

课题特征维度主要考虑科技创新人才对科技研发项目或计划的把握，对社会发展的意义。科技创新人才课题特征维度具体指标如表4-3。

表4-3 科技创新人才课题特征维度指标体系

项目依据	项目目标定位；项目目标的可考核性；对科技发展趋势的把握
研究队伍	项目组织和机制；项目研发人员；项目试验条件
研究方法	对项目可行性方案进行研讨，得出结论性意见
研究内容	判断项目的创新水平
技术路线	确定项目技术的关键点
应用前景	对项目应用效益的预期分析；项目完成后形成自主知识产权的可能性；项目完成后将创新成果应用的可能性
学术价值	学科间交叉合作情况和产学研合作情况
经费预算	项目经费总预算；经费支出结构比例；市场风险与技术风险分析

（四）评价指标体系构建

1. 评价与识别的目的

建立科技创新型人才评价体系的目的主要有两个：一是结合国家对人才评价要求，提出人才判断的依据和标准，为人才引进工作提供决策支持；二是根据发展的要求，为现有人才及将要引进的人才提供科技创新型人才的识别依据，以便划定科技创新型人才相关政策的受益群体。

2. 评价与识别的原则

科技创新型人才评价与识别体系的建立，应该与国家高新区的发展与人才需求相适应。

科技创新型人才特质是人才个体创新的内在因素，故人才的创新特质是创新型人才识别中不可或缺的要素。

相关研究提出，创新型人才自身内在创新特质是能够产生创新绩效的重要因素之一。因此，在对创新型人才评价中，应该将人才特质的测评纳入考量范围。尤其是对于创新型人才的识别，更侧重于潜在素质的要求，因此，我们在创新型人才识别体系中，将人才创新特质的考量作为人才识别的一个维度，以较全面、科学地进行创新型人才的识别。

人才识别应体现出不同职位间的差异性。根据创新内容的不同，可将创新划分为管理创新、技术创新等不同的创新类型。体现出不同职位上的人才可通过不同形式实现创新。对于创新型人才的识别，如果忽视了职位特征这一要素，采用统一的划分标准来评价和识别创新型人才，则会有失偏颇，降低识别效果。因此，创新型人才的识别要将职位差异性纳入考虑范围，体现出不同职位之间人才的差异性。

评价的侧重点在于创新型人才的识别，而不单纯是创新人才的创新绩效评价。在过去的一些研究中，对于创新型人才，尤其是研发人才的评价，评价的内容多是针对人才创新绩效的评价。评价重点是对于创新型人才的识别，通过评价识别现有或将要引进的人才中具有创新特质和潜能、能够在其岗位上作出创新行为和创新成果的创新型人才。创新绩效的评价重点在于对创新成果的考量，而创新型人才的识别更侧重于对人才的创新潜质和创新能力的考量。

3.评价与识别的方法

综合以上分析，依据评价原则，考虑将创新型人才识别的评价按三个维度进行：人才个体素质、目前工作职位特征以及专业学科特性。对每一维度进行独立评价，然后根据各自得分和其所分配权重得到个体评价的评价值，建立人才评价指标体系，对人才进行评价与识别。科技创新型人才评价与识别具体指标如表4-4。

表4-4　科技创新型人才评价与识别指标体系

维度	一级指标			二级指标	指标来源
	权重 C	指标分类	满分		
人才特质	0.2	执行型	30	创造性	测量量表
		创新型	70	效率	
				顺从性	
职位特征	0.5	研发类	50	创新成果积累	职位说明
		生产类	20	从业资格	
		职能类	30	职位等级	
专业学科特征	0.3	理工类	60	—	学历说明
		文科类	40	—	

评价结果的计算过程为：根据划分的三个维度指标分别计算被评价对象的各维度得分，将每项得分乘以各自的权重值，加总后得到被评价对象的创新型人才总得分。

$$T=\sum_{i=1}^{n} S_i \times C_i$$

其中：$i=1$，2，3；

T——人才个体评价得分；

S_i——第 i 个一级指标值；

C_i——第 i 个一级指标权重。

对于科技创新型人才的识别与评价结果的运用，可以将每位人才评价的得分值进行排序，根据得分排序与测定的科技创新型人才评价比例来划定目前科技创新型人才的基础标准分值，进而识别出科技创新型人才群体。

4. 评价与识别的内容

（1）人才特质

对于创新型人才特质维度，我们采用国外成熟量表——KAI 量表，从个体认知方式的角度，对人才的创新性特质进行评价。该量表测量的重点是人才内在的创新性而不是创新的能力水平，因此，对创新型人才个体的创新特质测量是评价的主要内容。通过评价，可以得到被测试者所属的人才类型。这里所得到的人才类型有两类：执行型人才和创新型人才。

为了验证量表的有效性，在问卷调查中将 KAI 量表进行测试。验证测量包括两部分：一是通过人才个体填写 KAI 量表，得到人才创新特质的自我评价分值结果，并根据此结果得到创新型人才与执行型人才的两大类型的人才群体；二是运用主管对下级的评价方式，考量人才的创新行为与创新能力，对每个指标的评价值求和得到主管对人才个体创新能力的评价结果。最后，根据两部分结果，检验自我测评与他评结果评价的一致性。如果一致，则量表对于创新型人才特质的测量是有效的；否则无效。

根据调查结果，可以将创新型人才进行基本划分：得分在 120 分以上者为具备创新性特质的人才，将这个群体称为创新型人才；得分低于 120 分者，其认知方式更倾向于执行性特质，我们将这个群体称为执行型人才。根据两类人才评价得分的数据，验证两类群体的成数指标值。对两类人才的主管评价得分数据进行描述统计分析。执行型和创新型两类人才评价最大值与最小值差异不大。其中创新型人才的评价得分离散程度较大。主管评价与人才个体自我评价得到的结果一致，评价得出来的两类人才在创新能力上存在差异，因此，采用 KAI 量表进行人才创新性特质的测评有效。

人才特质维度评价所采用的 KAI 量表，是从个体认知方式的角度，对人才创新性和适应性特质进行测量的。该量表测量的重点是人才内在的创新性而不是创新的能力水平，符合人才特质维度测量的要求。

量表中每一项指标的计分使用李克特五点记分法，根据个体对指标的认可程度进行评分。每位被测试者的测评得分为所有指标得分的总和。该量表从三个维度对人才特质进行测试：创造性、效率、顺从。具体内容如下。

创造性：个体在认知方式上表现出的创造性特质。它通过衡量被测试者在其成长环境中认知方式上的外在表现来考查。内容主要涉及善于分享、做事专注、不拘泥于传统或习俗、喜欢变化、勇于尝试、发现新问题并可以想出解决办法等方面。

效率：个体在认知方式上表现出的做事效率特质。它通过衡量被测试者通常的做事方式来考查。内容主要涉及业务能力掌控程度、做事的系统性、对细节的关注、坚持、做事速度等内容。

顺从：个体在认知方式上表现出的对于观点或者环境的适应性特质。它通过衡量被测试者对组织或团队环境变化的处理方式来考查。内容主要涉及被动接受、尊重权威、适应性、对服从的认可、喜欢明确任务、墨守成规、按部就班等方面。

根据测评结果，可以将被测试者划分为两大类型人才。创新型人才的识别体系中对人才特质的测量，其分值的分配依据人才类型进行。给予创新型人才分值分配为 70 分，给予执行型人才的分值分配为 30 分，即凡是测评结果被评为创新型人才的人员，其人才特质维度的得分均为 70 分；凡是测评结果被评为执行型人才的人员，其人才特质维度的得分均为 30 分。

（2）职位特征

对于职位特征维度，主要考虑三种职位类型：研发类、生产类、职能类。由于职位不同，对于职位特征的考查指标应该有所区分。具体指标如表 4-5 所示。

表 4-5　科技创新型人才职位特征评价指标表

职位特征	权重	测量指标
研发类	0.2	学历
	0.2	职称
	0.4	创新成果积累
	0.2	职位等级
生产类	0.2	学历
	0.3	职称
	0.5	从业资格
职能类	0.15	学历
	0.15	职称
	0.4	职位等级
	0.3	从业资格

研发类人才主要是在企业或单位中处于研发部门及技术研发岗位的相关人才。按照从事科技活动的内容和范围可将研发类人才划分为三个层次：专业技术人员、科技活动人员、研究与开发人员。研发类人才一般具有知识层次高、能力超群、创造性突出的特点。这些特点也决定了研发人才对企业创新的重要性。因此，对研发人员的评价与测量应该结合这类人才的特点进行。

结合研发类人才个性特点，考虑到这类人才中创造性成果较为显著的现实，将研发类人才中创新型人才的评价与识别指标分为四类：学历、职称、创新成果积累和职位等级。同时，根据各指标的重要性程度给出不同权重。考虑到研发人才的贡献程度在一定程度上反映出研发人员在创造性中的表现情况，故在这四项指标中，考量重点在于创新成果积累指标，即分配给该项指标的权重最大，为0.4。另外，个人履历也是不可缺少的一项考查内容。对于履历的考量，一并放入等级中进行。

生产类人才主要是处在生产部门或岗位上的相关人才。对于生产类人才的创新性，主要体现在生产过程中对于生产工艺、流程或者产品质量控制等方面提出的创造性建议以及可以实施的创造性方法。生产类的人才中创新型人才的评价与识别，更加关注这类人员在从事企业生产中所应具备的基本素质，尤其是对从业资格的要求。具备相关的知识和技能，是创新产生的基础要素之一。

结合生产类人才特点，考虑到这类人才中从业资格对职位的要求，将生产类人才中创新型人才的评价与识别指标分为三类：学历、职称和职位等级。同时，根据各指标的重要性程度给出不同的权重。对于生产类人才中创新型人才的识别，评价重点在于这部分人员所具备的从业资格，具体来讲，包括各类技术等级证书以及从业资格证书。根据证书的水平和质量，来考查被评价人员的知识技能水平。

职能类人才主要是那些在企业处于管理及各职能部门中的相关人才。职能类人才可以分为两个层次：一类是企业中的高管；另一类是各职能部门中的相关人才，如财务人员、HR部门的人员等。对于企业高管，其创造性主要体现在管理创新，包括管理制度创新、管理模式创新等内容；对于其他的职能类人员，其创造性主要体现为处理方式或方法的创新等内容，这部分人员的相关从业资格也较为重要。

根据职能类人才中包括的两个层次人员的特点，我们认为，对于职能类人才中创新型人才的识别，评价重点在于职位等级和从业资格。其中，职位等级兼顾两类人才的创新性特征，因此分配的权重最大，为0.4；其次是从业资格，分配的权重为0.3。同时，对于职能类人才的评价与识别，同样也将履历考量一并放到职位等级中进行。

（3）专业学科特征

国家对于科技创新型人才的引进，在专业学科特征中也有了指导方向。不可否认的是，不同学科类别的人才对产业发展的作用有一定差异，因此，将专业学科特征用于人才识别较为重要。

根据专业学科类别特征进行划分，得到两大类别的专业学科：理工类、文科类。考虑到国家对于科技创新型人才的要求，结合评价与识别的原则，对创新型人才的识别应针对不同的专业学科类别予以区分。

考虑到以上因素对人才学科类别的倾向性，创新型评价的标准：对于理工类人才，此项得分为 70 分；对于文科类的人才，此项得分为 30 分。

同时，由于各高校对专业招生的要求不同，一些专业在理工类和文科类中都有设置，如"经济学类""管理科学与工程类""工商管理类"等专业。这部分专业学科得分的评价，可以参照被评价对象学位证书中所颁发的专业学科类型来进行。理工科与文科的详细划分，可根据国家高校中对学科类别的一般分类进行。

（五）人才特质要素研究设计

研究对象为科技人才的核心层面，在此基础上，具体将科技人才的核心分为三个层次：学科带头人、重大课题负责人（A 层），重点课题负责人、启明星跟踪（B 层），启明星（C 层）。

1. 调查设计原则

调查问卷设计主要有三个原则：

①调研数据的充实性，即保证调研问卷的所获得数据信息是研究所需的；

②问卷内容的理论依据性，即保证问卷的设计具有理论基础，而不是凭空想象的；

③调研问卷的信效度，即问卷的设计保证理论研究所需的信效度水平。

2. 调查设计内容

基于以上原则，问卷的结构主要包括三大部分。

①基本信息。此部分主要是对被调研者基本信息的收集，用来确定被调研者的样本分布情况，进而验证样本的代表性。基本信息具体包括被调研者的性别、年龄、单位性质、职称等级、导师层次、学历。

②项目信息（资助效益信息）。此部分就是对科技绩效的相关信息进行收集。具体将资助效益分为两个部分：

a. 科研成果效益，主要包括资助前和资助期间的项目、论文、著作和专利情况；

b. 人才成长效益，主要包括资助期间的人才培养、学术交流和奖励情况。

③个人特质信息。此部分主要是对人才自身特质相关信息的收集。

个人特质信息具体包括以下五个方面：

a. 价值观：分析科技人才价值观类型与价值观结构；

b. 道德：分析科技人才道德判断理论与结构；

c. 人格：分析与科技人才资助效果相关联的人格要素特征；

d. 团队：分析科技人才在团队的角色以及特征；

e. 自我定位与自我推动：分析科技人才自我发展特征要素，主要通过人格复合因子和次级因子进行分析。

3. 研究方法

①直观判断：根据被测者对内在特质要素测试条目的认同和判断程度，对于认同强弱的要素，探析其不同特质要素重要程度排序；对于判断符合程度的特质要素，分析其均值的差异大小。

②次差异性检验：根据被测者对特质要素测试条目的认同和判断程度，利用多独立样本的非参数检验方法，研究不同层次的科技人才对于内在特质要素的认同和判断程度的差异性。

③随机分组差异性检验：将被测群体随机分成两组（随机分组两次），根据被测者对特质要素测试条目的认同和判断程度，利用两独立样本非参数检验的方法，研究随机分组的科技人才对于印象要素的认同和判断程度的差异性。

第五章 科技创新人才开发的相关理论研究

随着全球经济一体化的到来，经济竞争的范围也在迅速地扩大，众多专家认为科技创新人才是经济竞争的关键所在。国内外有很多关于科技创新人才开发的研究，而在本章中，我们将分别对人力资源管理与开发理论、人力资源激励理论进行具体的阐述。

第一节 人力资源管理与开发理论

一、人力资源概述

（一）人力资源的概念

人力资源是一个国家或地区作为生产要素投入社会经济活动、为社会创造物质财富和精神文化财富的劳动力人口，涵盖数量和质量两个方面，具体包括就业人口失业人口、就学人口、家务劳动人口和军事人口等所具有的劳动力能力和水平，通常以一国或地区人力资源存量计算，其公式为：人力资源 =15 岁以上人口总量 × 人均受教育年限。将劳动力作为一种资源，通过规划、教育、培训、使用等手段对劳动力进行发掘、开拓和提高的过程称为人力资源开发。人力资源开发包括教育培训、医疗卫生、体育、劳动人事管理等环节，其中教育在人力资源开发过程中起着决定性作用。

20 世纪末，在知识经济已见端倪、国际竞争日趋激烈的新形势下，人力资源数量上的优势已不足以应对未来的挑战，人力资源强国必须依靠高质量的人力资源作为保证。我们所指的人力资源强国是具有人力资源总量丰富、开发充分、结构合理、效能发挥达到世界先进水平等特征的国家，可以通过人力资源存量、开发程度等统计指标进行测评分析和综合比较。人力资源强国从世界普遍认可的角度看，基础条件应当是教育强国、科技强国、文化强国、健康强国等，其中教育强国的建设是重中之重。纵观《国家中长期教育改革和发展教育规划纲要（2010—2020 年）》确定的"两基本、一进入"三大目标间存在的逐渐递进又相互依托的辩证关系，其中建设人力资源强国具有关键性的引领意义，实现这一战略目标必须以实现教育现代化基本形成学习型社会作为主要途径和制度，将我国终身教育体系打造得更灵活多样，更吻合经济社会发展和促进人的全面发展之需要。

人力资源有广义和狭义之分。从广义上说，所有智力正常的人都属于人力资源的范畴。但在狭义上，不同的学者提出了不同的观点，如能够促进整体经济和社会发展的工人的能力。赵曙明的论点更具体，他认为：人力资源是一种包含在人体内的生产能力，它是以工人的数量和质量来表达的资源，它在经济中发挥生产性作用，维持国民收入的增长。

在定义"人力资源"的概念时，通常涉及几个相关的概念，如人口资源、劳动力资源和人力资源。这些概念的具体内涵如下：人口资源是一个国家或地区的全体人口，即所有自然人。劳动力资源是一个国家或地区有工作能力并且在工作年龄范围内工作的总人口。人力资源是一个国家或地区拥有强大管理、研究、创新和技术能力的总人数。

（二）人力资源的特征

1. 自有性

人力资源都是人的特性，是不可剥夺的。在就业方面，虽然人力资源将由雇主分阶段使用，但工人仍然拥有最终所有权，这是人力资源的基本特征，使他们不同于其他资源。

2. 生物性

人力资源存在于人体内，与人类的生命特征和遗传密切相关。一般来说，从事劳动密集型工作的工人对人力资源有更高的物质需求，从事技术密集型和智力密集型工作的工人对智力、情感和经验等因素的要求更高。此外，人力资源的生物特征也显示为可再生。

3. 时效性

人力资源的形成、开发、配置、使用和培训都与人类的生命周期有关。首先，一个人的生活中有一个人力资源积累的过程，但是开发和利用仅仅是一个人生活的中间阶段。其次，在现阶段，由于不同类型和级别的工人，人力资源发挥作用的最佳年龄各不相同。最后，人力资源的及时性也与其他管理方法有关。有效的管理可以使人力资源在很长一段时间内发挥最佳作用，无效的管理将导致浪费和人力资源的损失。

4. 创造性

与其他资源不同，人力资源的最基本特征是"意识"。从社会角度来看，我们可以更好地调动人们的积极性，在科学体系和创新氛围下有效地分配资源。从企业的角度来看，有必要给予适当的激励，以提高人力资源利用效率；从个人角度来看，有必要增加智力投资，选择最合适的职业，以最大限度地提高人力资本投资的回报。

5. 连续性

人力资源的连续性体现在它是一种可持续发展的资源，特别是智力人力资源，其使用也是人力资源开发的过程。在知识更新周期缩短和社会经济日益国际化的时代，人力资源经理应该将人力资源视为需要有效开发和利用的资源，从而能够将人力资源的价值不断提高。

二、人力资源管理

人力资源管理是组织利用科学和系统的技术和方法来计划、组织、领导和控制各种相关活动的管理过程，以获取、开发、维护和有效利用生产和运营过程中必不可少的人力资源，从而实现组织的既定目标。学术界一般认为人力资源管理由人力资源规划、招聘配置、培训开发、绩效考评、薪酬福利、劳动关系六大模块构成。前述的人力资源管理六大模块涉及如下概念。

（一）资源规划

资源规划主要指人力资源规划。人力资源规划是一套措施，旨在平衡未来发展过程中的人员需求和所有权，使组织拥有一定数量和质量的人力资源来实现组织的目标。

（二）招聘配置

招聘配置是在企业总体发展战略规划的指导下，制定相应的职位空缺计划，并决定如何找到合适的人员来填补这些职位空缺的过程。其实质是让潜在的合格人员对企业中的相关职位感兴趣，并前来申请这些职位。

（三）培训开发

培训开发是企业有计划地或持续地为员工提供完成当前或未来工作所需的知识和技能，并改变他们的工作态度，以提高现有或未来职位员工的绩效，最终提高企业的整体绩效。

（四）绩效考评

绩效是员工在工作过程中表现出的工作绩效、工作能力和工作态度。它与组织目标相关，可以考评。其中，工作绩效是工作的结果，工作能力和工作态度是工作中的行为。绩效考评是制定员工绩效目标和收集绩效相关信息的管理手段和过程，它可以定期评估和反馈员工绩效目标的实现情况，确保员工的工作活动和工作产出与组织一致，从而确保组织目标的实现。

（五）薪酬福利

工资是员工从企业获得的各种直接和间接经济收入。简而言之，补偿相当于补偿系统中的金钱补偿。薪酬管理是企业在业务战略和发展计划的指导下，考虑各种内部和外部因素，对员工的薪酬水平、薪酬结构和薪酬形式、薪酬支付原则、薪酬策略等进行确定、分配和调整的动态管理过程。福利是对员工的间接奖励，通常包括健康保险、带薪休假或退休福利。这些奖励作为员工福利的一部分给予个人或群体。福利管理是对选择福利项目、确定福利标准、制定各种福利发放明细表等福利方面的管理工作。

（六）劳动关系

劳动关系指依法建立的劳动过程中雇主和工人之间的权利和义务关系。通过规范化和制度化的管理，劳动关系双方（企业和员工）的行为得到规范，权益得到保护，稳定和谐的劳动关系得到维护，企业的稳定运行得到促进，这就是劳动关系管理。

三、人力资源开发的意义

（一）人力资源开发是企业竞争力的重要来源

在知识经济中，组织的竞争优势取决于组织提供持续生产新知识和适应快速变化环境的能力，人力资源开发是确保企业获得这些能力的关键。在传统经济中，经济附加值更多是通过物质资本实现的。然而，在知识经济中，经济附加值是通过不断应用新知识来改进和创新工作流程、产品和服务而获得的。这意味着在现代经济中，企业的竞争力主要来自创造性劳动，而创造性劳动依赖于高效的人力资源开发。现代企业都认识到人力资源开发对企业竞争力的重要性。世界上许多著名的公司认识到人力资源开发对企业竞争力的现实影响，并深刻认识到人力资源开发在知识经济浪潮中可能带来的巨大潜在利益。企业正在经历一个战略变革的过程，从主要关注暂时的绩效提升，转向更加关注终身学习和基于工作的学习。

（二）人力资源开发是一种重要的人力资本投资

将人力资源开发视为一种人力资本投资是很自然的。人力资本投资涵盖范围很广。人力资源开发支出只是人力资本投资的一部分。它是成熟阶段的人力资本投资，是教育阶段结束后人力资本投资的延续。由于人力资本投资与经济增长率之间的正相关，以及人力资源开发与企业竞争力之间的显著正相关，企业意识到人力资源开发应该被视为实现企业目标的战略工具。一些公司认为投资于培训开发对未来的战略和竞争优势将是必要的，它是与企业的长期利益相关联的。世界知名公司非常重视员工的培训，如飞利浦、通用电气、三星、壳牌、宝洁、奔驰和摩托罗拉等，每年都投入大量的经费用在员工的教育培训上。据统计，1929年至1982年间，美国生产力的提高中有26%归功于教育和培训。一个关于1000家企业的研究发现，提高10%的劳动力教育投资可以使劳动生产率提高8.6%；而同样价值的投入如果放在工具或建筑上，生产率只能提高3.4%。

（三）人力资源开发可以提高员工和组织的学习能力

现在，许多企业意识到学习对企业的重要性，都希望将自己的企业建设成学习型组织，以应对全球化、知识经济和劳动力市场的变化。组织和员工的学习能力被认为是企业获得竞争优势的重要途径和核心竞争力的来源。市场需求和技术创新的加速要求企业组织和员工能够适应各种变化，而新员工往往缺乏适当的技能，需要企业投资基本技能培训。原始员工需要有一定的影响力、人际沟通能力、适应能力、自我管理能力和学习能力。通过有效的人力资源开发，企业将创造一套适合企业自身的学习方法和手段，同时，它也将为隐性知识的传播创造顺畅的渠道，员工和组织的学习能力将得到显著提高。事实上，学习能力是企业或组织创新能力的重要基础。更重要的是，在知识经济时代，培训不再局限于发展基本技能，而是被视为创造智力资本的一种方式。智力资本是近年来被接受的一个概念，包括完成工作所需的基本技能、高级技能和创新能力。

（四）满足员工发展的需要

人力资源开发不仅是实现企业目标的战略工具，也是实现员工目标的重要手段。在传统的雇佣模式下，人力资源开发的主要目的是更好地实现企业的目标，但很少考虑员工个人成长和职业的关系，也没有考虑员工的需求和发展。随着新的雇佣关系的发展和演变，企业越来越重视员工的培训和发展。实证研究表明，员工的培训和发展程度已经成为新的就业方式的最重要特征，也是员工选择和评估企业的最重要标准。这表明现代企业的发展不能忽视员工的发展，否则不仅难以提高现有员工的技能，也难以吸引更好的员工进入企业，企业的自主创新能力也难以提高。企业要想吸引和留住优秀员工，保持员工对企业的忠诚，就必须关注员工的成长和发展，通过培训开发提高员工的受雇能力或就业能力。布鲁斯·艾利格认为雇主有责任为员工提供适当的培训方案，对员工进行教练和咨询提供改进现有技能和获得新技能的机会，改进员工的可受雇能力。

四、人力资源开发的实践领域

人力资源开发不仅是一个广泛而深刻的研究领域，也是一个复杂的实践领域。它涵盖广泛的领域，与其他专业活动有很强的交叉性和重叠性。组织内人力资源开发的实际运作经常与专业以外的一些活动或项目重叠。因此，人力资源开发的从业者可能有不同的头衔，如人事部经理、人力资源管理部主任和培训部经理。外国企业还使用管理发展经理、组织发展专家、技术培训主任、首席学习官、组织效率主任和执行发展主任的名字。当然，上述头衔与人力资源开发相关的职能有一定的不同，一些角色对整个组织有重要影响，如外国企业的首席学习官、组织效率总监、执行开发总监等。这些人力资源开发专业人员具有超越个人、团队和组织界限获取信息的优势，可以确保组织的协调、统一和完善。

人力资源开发专业人员也可以在组织的子系统中发挥作用，例如销售培训经理、分公司人力资源开发总协调员或银行出纳员培训师。与此同时，几乎所有企业高级管理人员都不同程度地负责和参与人力资源开发计划的制定和实施。直线经理直接参加现场培训越来越普遍。事实上，在现代企业中，几乎没有什么人与培训和开发工作无关，我们几乎不可能去核算一个组织中到底有多少人的工作与人力资源开发的业务相关。像公司的 CEO 们亲自主管培训与开发项目，有经验的老员工对新员工进行在职培训这样的事情是经常发生的。

随着组织和管理外部环境的变化，人力资源开发实践领域正在扩大。人力资源开发的早期实践主要是员工培训活动，后来扩展到管理发展、职业发展、组织发展以及绩效改进和晋升活动。

（一）培训与开发

培训是组织或企业为改进或提高员工的知识、技能、能力和态度所组织的各种学习活动。培训这个词出现得很早。工业革命前，车间老板主要以师傅和学徒的形式为员工提供培训。19 世纪，由于工业革命和科学技术的发展，引发了对企业员工的培训需求。在工业化的早期阶段，由于大量现代企业的出现，需要大量熟练工人来操作机器，需要大量工程师和机械师来设计、制造和维护机器。当时，职业技术教育不能满足企业的需求，一些企业自行开展各种教育和培训活动。早期培训主要针对普通员工。培训的内容是特定工作所需的知识和技能，培训的目的是满足胜任该工作的员工的需求。

"培训与开发"这一概念最早出现在 20 世纪 60 年代初，由美国培训与开发协会（American Society for Training and Development，ASTD）提出。提出的背景是二战以后，由于培训受到企业的重视以及社会环境、员工需求的变化，企业的培训内容、形式和对象也发生了深刻的变化，使企业对员工的培训不仅仅关注知识和技能培训，而且重视员工的能力、态度以及员工未来的发展，并且把企业的培训与战略联系起来。而"培训"一词已经难以反映企业培训活动的内涵，于是"培训与开发"概念开始流行。

培训与开发是企业为满足当前或未来工作需要，为员工提供的各种学习活动和机会。企业为员工提供了一系列系统的、有计划的活动，让他们有机会学习必要的技能，以满足当前和未来工作的需要。一些学者还分别解释了培训和开发，认为培训是企业为员工提供满足当前工作需求所需的知识和技能的活动。它旨在满足当前的工作需求，是一个短期过程。开发也是企业为提高员工的知识和技能而设计的一项活动，但它关注企业未来发展的需求，以保持员工和企业的发展同步，因此开发是一个长期的过程。例如，该企业引进了一条新的生产线。由于员工不熟悉新机器的操作，企业必须设计一些课程来教员工如何操作和使用新机器，这属于培训。如果企业必须做出战略调整并设定新的发展目标，而员工目前的观念和能力不能满足未来发展的需要，企业为改变员工观念和提高其能力而采取的各种教育和培训活动都属于开发。虽然培训和开发之间有一定的区别，但它们本质上是一样的，旨在为员工提供完成当前工作所需的能力。目的是通过培训和开发，对员工的能力进行持久的改变，从而改善和提高员工和组织的绩效。在企业的培训实践中，人们没有严格区分培训和开发，经常使用"培训"这一概念代替"培训与开发"。

企业培训与开发主要包括新员工导向培训、技能培训和管理培训与开发活动。当新员工进入组织时，培训和开发活动就开始了，通常以面向员工的培训和技能培训的形式进行。面向员工的培训是新员工熟悉工作环境、学习组织的价值观和规范、建立工作关系以及学习如何履行职责的过程。新员工的技能培训侧重于与工作相关的一些特殊领域的知识和技能。管理培训和开发主要是针对管理人员的培训和开发活动，旨在提高他们的管理知识和技能以及履行职责的能力。

（二）职业开发

职业生涯是一个人进入职场后经历的一系列不同职位的轨迹。尽管个人在职业生涯中经历了不同的工作变化和道路，但每个人在职业生涯不同阶段面临的问题、任务和障碍都有一些共同点。这种共性为职业规划和管理提供了可能性。职业开发是一项以职业为目标的发展活动。职业开发可以从个人或组织的角度进行。一般来说，职业开发从组织的角度来说是职业发展活动，并且是企业人力资源开发的重要组成部分。企业希望通过组织的职业开发活动，使员工获得更大的满意度，使员工的职业生涯开发得到组织的支持。如果员工的职业开发与组织的目标一致，员工可以为组织做出更大的贡献。

（三）绩效提升

人力绩效技术（Human Performance Technology，HPT）（也被翻译成"人类绩效技术"或"人类工效技术"）理论认为，人类或员工行为表现或绩效上的差距可以归因为知识与技能的缺乏、动机的缺失、完成任务所要求的资源不足、较差的工作条件、过度的工作负荷、工作设计不合理、缺乏激励制度等。当绩效差距是因为知识或技能的缺乏时，可以通过培训或学习活动来解决；而由于其他原因而引起的绩效差距时，进行培训是不能解决问题的。人力绩效技术强调利用系统分析方法来解决所有问题。组织绩效系统由组织投入、人员、行为、绩效、结果、反馈以及环境等要素所组成，它是一个组织投入、人员及其行为带来绩效、结果和反馈的过程。如果人们要取得最佳绩效，那么绩效系统的所有组成部分都必须达到最优化。目前在人力资源开发实践活动中，人力绩效技术得到了广泛应用。

（四）组织开发

组织开发是一项活动，它通过运用行为科学理论对组织成员施加团队般的影响，而不是个人影响，改变组织成员的知识、技能和能力，尤其是他们对组织的态度、热情和行为。应该指出的是，组织开发和人力资源开发之间既有巨大差异，也有密切联系。一方面，这两个领域的理论基础非常不同，在组织实践中，这两个领域通常是分开的。人力资源开发基于学习理论和教育学理论，而组织开发主要基于组织行为理论。另一方面，它们很难被分成两个独立的领域。组织开发工作通常归于人力资源开发部。一些大型组织也有特殊的组织开发结构。组织开发依赖于独特的开发方法，人力资源开发人员不熟悉这些方法，需要更深入的专业培训。在西方，组织开发是通过组织内部或外部的变革代理来实现的。无论是哪种情况，人力资源开发经理和专业人员在组织开发中发挥着越来越重要的作用。事实上，组织开发是人力资源开发的最具战略性的工作领域，这需要人力资源开发人员和组织各级管理人员的协调和参与。

五、人才员工的开发

（一）鼓励在职创业

人才是一种特殊资源，如果不能发展，不能得到持续有效利用，一定会走向负面，或者成为内部资源的浪费，或者出走，成为企业的竞争者，企业对于人才的所有投资将失去意义。因此，在这种背景下保留人才的有效途径之一是职业生涯规划的双创化，即在企业的人才职业发展道路上，增加内部创客的空间和环节，让人才的创新力得以释放。

企业里也需要创客空间，让员工在有限的空间里释放创造激情。创客空间作为员工发挥创造性的平台，创客文化形成后，就会产生带动效应，通过创客空间将人才和能力留在企业里。

企业培养创客，培养创新机制和文化，让人才乐于参与，激励力度不次于给他百万年薪，而且会吸引具有双创力的人才留在企业。培养创客的重要手段：一是激励他们持续地做下去，热度不减；二是让别人能看到他们所做的创新能够得到认可；三是创建开放平台，让更多的人参与进来，成就更多的创客。

留住人才，就是留住了创新的源头。传统的纸上作业式的职业规划，对于创新人才而言，没有什么吸引力。创新人才的职业发展，不是规划出来的，而是通过在创新中创造价值，从而真真切切地实现的。与其进行基于纸上作业的职业规划，不如创造一个让创新得以涌现的平台，在这个平台上，创新人才可以以创新的项目自我规划，自我实现。移动互联时代的职业生涯，本质就是个人能力品牌化、个人品牌资本化。为能够创新的人才，创造实现这两化的条件，就是最好的职业生涯规划。

（二）树立全人才观

移动互联时代，是全人才的时代，有三个层次的含义：第一，企业里人人皆才，全可使用；第二，社会人才皆可为我所用；第三，人才能够创造多大价值，取决于企业的舞台。第一点的核心是企业如何运用好内部资源，第二点的核心是企业如何运用好社会资源，第三点的核心是企业如何做好催化。

全人才观，是提升了境界的人才观。境界提升了，看问题才能更准确。把人分为人才、人材、人财毫无意义，这不是生态式的活的人才观，这是物质附庸观。

人人创客、人人CEO理念将员工的职业开发从攀岩模式更替为造山模式。创客可以自己造起一座山，自己就是山之主。只有让员工去造山，企业才能成为群山，成为山系。企业应该成为人才的生态系统，为人才的生长提供充足而优质的阳光、空气和水，提供充足的生态空间，让人才可以根据自己的本性和时代的需求，自然成长。一旦如此，企业的人力资源管理就将是生态式的人力资源管理。

企业的人才应该是全人才概念，全人才是相对于传统意义上的劳动关系人才而言的，具有劳动关系的人才在移动互联时代，仅仅是企业的部分人才，而其他更加广阔范围内的、更有价值的人才，与企业并不一定具有劳动关系，所有这些人才，统称为企业的全人才。

显然，并不是人人都愿意做CEO，也不是人人都能做CEO。不过，我们切不可把CEO教条化，把CEO仅仅等同于一个独立企业的最高领导人。"人人都是CEO"概念下的CEO，更多的是一个能够自我组织、按照市场化的模式运营、满足用户需求、独立创造价值、不断更新的有机空间和位置，也可以说是在网络化的企业里的一个有价值的节点。

"人人都是CEO"，走出了一条符合移动互联时代特点的路子，具有较高的实用价值，能够提供许多有益的启发。

①无论处在职业发展的哪个阶段，哪个层次，都需要明确自己的价值贡献。

②个人的价值贡献要以为他人服务、为企业服务、为企业的核心目标服务为计量标尺，这也是用户思维这一互联网第一思维的表现。

③努力、努力、不断努力，用极致的方式取得不可思议的业绩，只有这样，才能取得更好的发展。

④在跨界中寻找突破和创新，移动互联时代的职业生涯不再是线性的单链式的因果链条，已经成为神经元式的网络链接，真正的突破点可能蕴含在多个维度、多个关联之中。

（三）创新人才管理

新时代企业人才职业生涯规划的核心就是创新型人才的职业生涯规划，特别是高才值人才的规划。对此类人才，企业务必要掌握"三权"，即"定价权""操作权"和"认证权"。

①定价权，创新型人才的才值要能由企业进行合理的即期和远期估值，并采取与估值相符合的人才保留模式。

②操作权，创新型人才的成长要能由企业进行恰当的引导，使之按照符合企业人才战略、企业发展战略的指向而发展。

③认证权，创新型人才要在企业的生态体系中才能发挥最大价值，换言之，只有特定的企业，才是创新型人才得以发挥价值的最适合场所。

互联网时代，也是人才主权时代。人才的定价、操作、认证三权，还要延伸到人才价值权，即人才的所有权、收益权和管理权。这些人才权共同构成了人才价值的综合管理模式。

在人才主权时代，我们依然需要攻克很多人力资源管理的难题，这些问题超越了传统人力资源管理工具和模型所能够处理的范围。解决不好这些问题，人力资源管理者们就难以从根本上实现人才主权时代人的人才价值。实践中，需要综合考虑如下几方面的问题：

①人才权的集中控制与分散管理，尤其是集团化企业中不同层次的管控关系；

②人才的多权分离，对应不同主体，形成不同的权属关系，适用不同的合同和协议；

③坚持"谁投资、谁拥有、谁受益"的基本原则；

④坚持人才参与收益分配的原则。

（四）进行人才估值

人才选拔和培养，是一个"人才估值→人才选拔→人才培养→人才使用→人才估值"的循环圈。传统意义上的人才选拔和培养，几乎不涉及人才估值，而是以人才评估和人才测评替代，后者更多的是评价人才的能力和素质，不涉及人才的价值，这样的评估和测评，始终与人才的最终业绩和贡献存在隔膜。在人才选拔和培养环节进行具有市场化意义的估值，更符合这个时代的要求。

解决人才估值问题不需要用复杂的价值评估模型，那些模型往往需要大量的稳态的数据，而稳态却恰恰不是移动互联时代的核心特点。人才估值所需要的无非是一种思路，一种机制，一种市场化的操作。由此，我们还可以再做些延伸。比如，海尔有两个"零距离"：员工内部协同的零距离，组织与外部用户的零距离。市场零距离、协同零距离，这两个零距离成了移动互联时代标杆企业组织变革的核心目标和指向。

（五）生态化人才培养

让不同的人才能够在企业的平台上尽可能自由自主地展示，并且成长。可以想见，绽放的人才必然不是"整齐划一""标准一致"的，而必然是形形色色的，绽放的人才观不是整齐的，而是差异的，整齐与差异是工业时代和移动互联时代人才观的本质区别之一。可绽放的人才选拔和培养是生态化的，可更好地适应社会、技术、商业、管理变化的场景。

真正的人才，永远是跑出来的，不是走出来的，让人才跑起来，形成众人奔跑的局面，人才才会脱颖而出。既要构建人才选拔和培养的生态体系，让人才通过竞赛进行自我评估和他人评估，从而在竞争中快速成长，也要有让外部用户参与的开放度，更要有让小苗可以成活的绿区，所有这些，使得人才选拔和培养具有了更高的效能。

让世界一流工程师们自由射击，自由飞翔。绽放，已经不仅仅是人力资源管理上的生态而是企业战略层次上的生态，或可以称为"战略生态化"，因为，世界一流工程师们展开想象，自由创新的力量无论如何不可低估。创新是人才绽放的最高境界。人才选拔和培养的真谛是选对人。移动互联时代的人才，必须是能够进行深度自我管理的。这样的人才，才能够在生态体系的"轻足迹管理"模式中找到自我的定位，发挥独特的价值。

（六）差异化匹配

匹配，代表了上一个时代的全部管理的核心。传统的人力资源管理核心是匹配和开发，其用人理念倒更像是用人如器，尽管"天生我材必有用"，也不过是为"坑"配上个"萝卜"。匹配反映了工业化大生产对于人力资源的主要诉求：越匹配，越标准，越节约。匹配时代的经典用语是，"把适当的人放到适当的地方"，全中国的人力资源从业者以完成这样标准的任务为荣。匹配所要求的不是创造和创新，而是规范和符合。按照匹配的思路，我们可以使用很保险的人，取得很保险的业绩，可以优秀，但是，很难有突破。

所有的"尖叫"产品，其核心都是差异和差别，这才是这个时代造就人力资源管理互联网卓越业绩的核心。差异的真正境界是创新创造。在一个创新创造的世界里，没有什么预先设定的标准和规范，去等着我们按图索骥地匹配它，在创新创造的世界里，无中生有才是精义和要义。差异，能够创造超越一般水平的价值和收益。

用不同的人，就会有迥异的结果，人力资源管理所追求的不应该仅仅是按照岗位要求找到人，岗位要求越来越不确定，越来越根据任职者而定，或者越来越按照工作结果来解读。差异成为匹配之上的核心特征。所以，寻求有差异的人，实现差异化的价值，是移动互联时代新管理的特征。不同的用人方式，也是差异化价值的实现途径。因此，移动互联时代的新人力资源管理，要义是"用不同的人，用不同的方式用人"，这似乎才更接近以人为本的内涵。

匹配和差异其实是人类社会组织运行和谋求绩效的两个方面，只有相互结合，才是完整的。扔掉匹配，我们就有可能陷入绝对自由或者极端自由的无政府、无管理、无规矩、无标准的混乱状态，而放弃差异，我们会失去个性，失去动能，最终失掉意义。

选择不同的人，造就差异化是实现移动互联时代新管理的一大核心。"行非常之事，必用非常之人"，行差异化战略，必用差异化人才。要以匹配差异法选人，而不是单纯的匹配，这样的人才属于创业人才，要给他生态位，而不是传统的职位，给他一个创业的空间。

六、创新与人力资源管理的复合

创新理论和人力资源管理理论的结合是一种以创新为目标，以人力资源管理为手段的企业管理理论——面向创新的人力资源管理。管理理论研究的现状需要深入和密切相关的实践研究来满足客观需要。将该理论灵活应用于人力资源管理领域，将创新理论与管理理论相结合，充分利用人力资源管理的学科属性，是该理论的研究方向。

（一）静态攻略

作为管理的四大职能中的第一个，规划起着非常重要的作用。如果创新在规划阶段被忽略，它的发展只能是自我维持的。另一方面，如果在规划中为创新预设了一定的空间，并且对其进行了前瞻性的考虑，那么企业的创新工作可以更有针对性，绩效改进也可以得到合理的估计。

工作分析是人力资源管理的基础工作，也是各项职能工作展开的前提与基础。但工作分析是否就是要求员工步调一致地"踢正步"？对工作分析的误解之一就是把工作内容"一刀切"，从而赢得管理的优势与便利。若企业运营如此进行，将会使员工的创造力被无情地扼杀。那么，能否在工作分析中就嵌入创新因子呢？

此处存在着某种内在的逻辑联系将前述三者（战略、规划与工作分析）串联起来，从而形成一个较为宏观的命题。所谓的逻辑联系，就是战略、规划与工作分析将在一段时期内相对地保持稳定。尽管它们并非一成不变，但从某种程度上说，依然可以将其视为"静态"的"打法"，即提升企业绩效的静态攻略。

（二）动态攻略

如果一个企业想在创新方面有所作为，它必然会关注创新型人才。这类创新人才大多是知识工作者。知识工人比传统工人有更多的独立性、灵活性和自由，因为他们掌握一种特殊的生产工具——知识，他们的创造力受到企业的高度重视。然而，如何筛选这个想法，也就是说，如何设计一种机制，让创新人才从候选人中脱颖而出，确实需要认真考虑。做好这一步等于为企业打下良好的创新储备。知识型员工的另一个特点是他们很容易更换工作，他们的职位也不像传统员工那样容易更换。知识型员工跳槽往往给企业造成不可弥补的损失。这种损失不仅是员工个人的损失，也是公司本身的损失。如何留住他们是企业必须面对的课题。流行的"政策、情感、治疗和职业保留"真的能产生预期的效果吗？该企业可能不会通过支付员工工资来获得员工的忠诚度。企业留住知识型员工的关键是要为他们提供使用知识的机会，从而实现他们的价值。对于知识工人的劳动来说，实行逐件管理和时间管理是不方便的；我们不能只从高薪的高职院校购买，也不能只靠"伙伴忠诚"来赢得；我们不仅应该给他们提供一个优越而轻松的工作空间，让他们可以自由地从事创造性工作，不受干扰，而且也不能在没有指导的情况下放手不管，即使他们整天都在思考公司的事务，没有适当的指导和良好的情绪也很难激励他们。然而，如何与那些"做一天和尚敲一天钟"以及由于各种原因与企业不匹配的员工"和平分手"，是企业必须掌握的另一项技能。

（三）内部互动

企业绩效的提高取决于管理者和员工之间的互动，尤其是知识型员工。我们应该主动适应知识经济时代的特点，彻底摆脱"官本位"的观念，建立符合知识经济时代要求的企业管理体系，特别是人力资源管理体系。首先要做的是保持沟通机制顺畅。许多想法来自交流中有意或无意的接触。传统企业按行政职责对待员工，这对知识型员工没有吸引力，也不能激发他们的热情，甚至有时候是在羞辱他们。它有强烈的"官本位"色彩，不利于鼓励知识工作者轻松从事创造性工作。传统企业为员工实施的考勤制度和轮班制度也不适合知识型员工，这些制度将大大降低他们的工作效率，特别是限制他们的创造力。传统的企业评估体系没有给予创造性劳动特殊的奖励，形成"干多干少一个样、干与不干一个样"的尴尬局面，这种"大锅饭"的做法显然不利于鼓励创新和追求卓越，并使卓越变成平庸。我们应该探索知识工作者的任命、工资和福利的新方法，使他们能够安心从事精神和创造性工作，并从中获得最大的物质利益和精神满足。管理者和知识型员工应该平等相处，与他们交朋友，定期与他们交流，参与他们工作团队的活动，不断调动他们的积极性，激发他们的创造力。对于具有伟大创造性工作成就的知识型员工，企业应该给他们重奖以激励所有员工，因为创新来之不易，聪明的人不会效仿。将知识转化为"知本主义"的做法也可以包括在内，比如股票期权、股息和红利。

（四）外部利用

除了企业内部的互动，企业外部也有很多机会，应该抓住并利用。在知识经济和信息社会中，企业处于不断变化的环境中。机遇只青睐那些有准备的人。这些外部变化应该由企业扫描。它们通常是创新的源泉。企业变革的目的是让组织发挥更有效的作用，但是在变革过程中，员工不可避免地会害怕、担心甚至抵制阻碍，因为他们不理解、不信任或不同意变革，因此，企业肯定会被阻碍推进变革。因此，有必要对变革过程进行管理和干预，以确保变革的顺利进行并取得预期的结果。因此，组织变革可以被视为组织发展过程中一个重要的增长机会。它必须适应环境的快速变化，利用科学技术的发展，调整组织的战略、结构以及成员的价值观和行为，从而提高组织的绩效。在一个客户需求越来越精细和丰富的时代，赢家是资源整合的赢家。为了做大"蛋糕"，企业必须与外界合作。为了扩大企业整合资源的合作范围，应该取得突破性进展，广泛的外部目标贯穿价值链和整个产业表面，为企业提供了许多可以利用的机会。在制定和分解战略目标时，企业习惯性地把注意力集中在他们可以利用的资源上，并强调"力所能及"。如果一个企业能够重新审视和评估其资源价值，用其资源取代所需的"不同行业资源"，合作空间将会扩大。而其真实诉求是，在同不同行业的"置换"和"共享"中以一种全新的视角打破企业原有的资源格局，深挖企业资源的潜在价值，使得企业自身资源价值的利用达到最大化。在复杂的外部环境中，传统的竞争也被赋予了新的意义。"左手挥拳，右手握手"就是对市场中企业间关系的生动写照。双赢、共赢与多赢成为企业间利益交换的筹码。"行有行规"，企业间的竞争不能违反规则。企业如果能够做到"明察秋毫"，密切监视外部变革，并左右逢源，怀和善之心伸出合作之手，展开良性竞争、正当竞争，企业绩效就有望"左右开弓"。

（五）组织结构

长期以来，中国企业的组织结构深受政府机构的影响：在权力分配的基础上，每个权力都是横向和纵向分配的。这种分配的直接结果是，权力和监督部门增多，相应的责任部门减少。这种权力分配方式极大地延长了决策者和一线员工之间的距离，使得企业无法通过摄像头，不可避免地影响了决策效率。在知识经济时代，办公空间呈现出虚拟化、分散化和小型化的趋势，需要相应的组织结构调整。对于企业中的一些特殊工作，可以试用灵活的工作日，配备必要的办公自动化条件，并探索新的办公形式和管理方法。知识工人的分配是一项相当技术性的工作。充分利用自己的优势避免弱点是一种经典的配置理论。这个想法也需要创新。缺点和优点总是相对的，适当改变工作环境甚至会带来意想不到的结果。随着企业的虚拟化和分散化运营，除了配置之外，更有效的应对策略应该是灵活的和基于网络的。灵活性是组织结构的可调整性，这是基于其对环境变化和战略调整的适应性，而不是刚性。思想如果再开放一点，就到了企业将自身业务转托外部承担的层面。有相当一部分中小企业"麻雀虽小，五脏俱全"，在职能配备上存有冗余，在资源利用上存在浪费，为何不能甩开"非主流"业务，而在核心流程上精耕细作呢？

（六）薪酬制度

考虑到员工的劳动和贡献，工资受到了广泛关注，从国家政府到家庭成员。理想化的完美薪酬体系被描述为外部竞争、内部公平和激励。外部竞争考虑了市场水平和公司的支付能力，而内部公平和激励考虑了工作的价值和员工的表现。薪酬通常被认为是一种简单的支付，即科学合理的员工早期工作的货币结算。公司的理解对此并不负责，但是如果它能意识到薪酬的主导作用，它将有助于提高绩效。在薪酬体系的制定中，考虑到绩效因素的嵌入以及其他技能，如薪酬，可以引导员工的行为，并使其朝着企业愿景的方向发展。企业甚至可以考虑薪资虚拟化，并根据薪资制度建立虚拟分红权。高级管理人员通过赌博协议和共同确定基数来引入股权、人事权和财权。在保护第一桶金——发家主业的同时，投资独立的第二家企业，依赖员工筹资，向员工贷款，并计算利息，给予股权；员工在新型公司组织中享有时间红利和成长红利、虚拟薪酬及虚拟福利。赫兹伯格认为保障无助于绩效的提升。这种说法未必准确，原因在于：①员工保障是取得较佳绩效的必要条件，绝非可有可无；②员工保障的一部分内容诸如福利，经运作之后同样可以产生激励的效果，从而对绩效有促进的作用。福利计划其实是一种充满生机与想象力的创新机会，它是一次绝好的将本企业与其他公司区别开来的机会。员工保障计划要真真切切、精确地展示出企业的价值观、信念、对未来的看法以及创造未来的措施。薪酬与保障一直都是人力资源管理的核心内容，受到了学界与管理者的重视。

（七）员工培训

培训和发展也是人力资源管理的关键部分。企业的创新、变革和发展离不开员工的不断学习和进步。如果一个企业想对自己的业绩有所作为，就必须努力加强人力资源的质量建设。员工培训和人力资源开发是提高员工素质的必要手段。绩效管理的主要目的之一是了解员工绩效的优点和缺点，然后改进和提升他们。当管理者看到员工的工作表现很低时，他们不仅应该检查管理系统中是否有遗漏，还应该考虑是否培训员工。经理经常需要根据员工的绩效状况和个人发展愿望，与他们一起制定绩效改进计划和未来发展计划。人力资源部需要设计一个总体培训计划，并根据员工当前需要改进的表现来组织实施。培训后，员工的技能将会大大提高，他们自然会对完成任务更有信心，因此培训通常被认为在绩效上具有短暂、平稳和快速的优势。

知识型员工非常重视企业能否为知识增长提供机会。如果我们只给他们使用知识的机会，而不增加知识，企业就不可能保持知识工作者的忠诚和热情。就像人类对资源的使用一样，盲目地攫取、贪婪地使用以及不小心地培育和维护资源，再多的资源也会有枯竭的一天。因此，尤其是企业应该为知识型员工提供培训和不断提高自身技术的机会，在利用人才的同时，更加注重培训和开发，这不仅可以提高他们的技能，还可以大大增加他们的议价筹码。如果培训的重点是现在，那么开发的目标是未来。由于知识的价值超过资本，员工培训和开发在人力资源开发和管理中的地位将会空前提高。知识型员工的开发与学习型企业、学习型组织、学习型社会的构建，都将依托并且受惠于企业的培训开发工作。

第二节　人力资源激励理论

一、内容型激励理论

（一）需要层次理论

需要层次理论由美国心理学家亚伯拉罕·马斯洛（Abraham Harold Maslow）提出，它虽然没有得到实验的验证，但由于与人们的感觉相符，所以得到了最广泛的承认，他的主要观点如下。

①人的需要可以分为五个层次。

第一层：生理需要，即对食物、水、住所、性等的生理需要。

第二层：安全需要，即对安全保障、免受肉体及精神伤害等的需要。

第三层：社交需要，即对爱、归属、友谊等的需要。

第四层：尊重需要，即对认可、尊敬和自我价值等的需要。

第五层：自我实现需要，即对个人成就、价值、自我完善等的需要。

②生理和安全需要属于较低层次的需要，尊重、自我实现需要属于较高层次的需要。

③需要的满足严格按照阶梯前进，在一段时间内只有一种需要占主导地位。

（二）成就需要理论

1. 成就需要

成就需要是对事业成功的需要。麦克莱兰认为，成就需要是较稳定的，他采用主题统觉测验（TAT）的投射技术，让人根据含义模糊的图片编故事，具有高度成就需要的人会编出各种取得成功或顺利达到目标的故事，从而可以了解某人的成就需要强度，进而预测他的工作行为。

一般来说，有较高的成就需要者总是比较低成就需要者工作得更好，进步也较快。麦克莱兰等发现，小公司的总经理通常具有很高的成就需要，而大公司的总经理却只有一般的成就需要，他们往往更多地追求权力和社交需要。因为，后一种需要对与人共事、合作相处是十分重要的。

2. 权力需要

权力需要就是有影响和控制别人的意愿。高权力需要者喜欢影响和控制别人，喜欢竞争性的环境，并且非常重视地位与威望，总是追求团队中领导者的位置。这种类型的人非常健谈，乐于演讲和争辩，虽然直率但头脑冷静，善于提出问题和要求，喜欢教训别人。

3. 归属需要

归属需要就是相互交往、友爱的愿望，高归属需要者寻求友谊，在团队中，比起竞争更乐于合作。他们喜欢与别人保持一种融洽的关系，并且非常享受其中亲密无间的乐趣，从友爱、情谊的社交中得到欢乐和满足，随时准备安慰和帮助危难中的伙伴。最优秀的管理者有着高权力需要与低归属需要。

（三）双因素理论

20世纪50年代末期，美国心理学家弗雷德里克·赫兹伯格（Frederick Herzberg）在一些工厂企业进行调查研究时设计了许多问题，如"什么时候你对工作特别满意""什么时候你对工作特别不满意""满意和不满意的原因是什么"等，请工人写出自己做过的"最佳工作"和"最糟糕的工作"及个人评价。

赫兹伯格发现，造成员工非常不满意的因素主要是公司政策和行政管理、监督、与主管的关系、工作条件、与下级的关系、地位、安全保障等。赫兹伯格把这一类因素称为"保健因素"（hygiene factor），意思是只能防止疾病，不能医治疾病另外，使员工感到非常满意的因素主要是工作富有成就感、工作成绩能得到社承认、工作本身具有挑战性、承担重大的责任、在职业上能得到发展和成长等这类因素的改善能够激励员工的工作积极性和热情提高生产率。赫兹伯格把这类因素称为激励因素（motivation factor）。他于1950年提出激励—保健因素理论，即双因素理论。

二、过程型激励理论

（一）期望理论

人在行动之前总是会想，我付出努力是否能把这件事情做好？做好之后有什么好处？这种好处对我是否重要？

为什么有的员工不受激励，只求得过且过？他可能不喜欢金钱，效价低；他可能认为目标高不可攀，或目标太低，所以没干劲；也可能企业没有有效的物质或精神奖励进行激励。这个人的三个值均可能较低，即他不相信自己的努力会取得好的工作成绩，或即使取得也不会受到公司的奖励，或即使有奖励，也不是他所想要的，所以他的动机强度低。目标价值的激励力与个体的需要有关，不同的个体有不同的价值观和不同的需要，对一份奖金，有的人在意，有的人不屑一顾；只有当人把目标看得很重要时，积极性才会高。一块金牌对运动员来说比同样价值的钞票更有激励作用。所以管理者应找到员工偏爱的诱因或报酬，以此作为激励物。平均主义和大锅饭会使员工的工作成绩的工具性降低，管理层应正视员工的合理物质需要。

（二）公平理论

1.公平公式

员工不仅关心自己的收入，也会对别人的工资收入感兴趣，并作比较。

美国行为学家亚当斯（J.S.Adams）认为，员工不仅关心自己的绝对报酬，也关心与别人相比较的相对报酬。人们的心里存在着一台"公平秤"，衡量结果与投入的比值，即公平指数。当某人发现自己的公平指数小于参照者的公平指数时，心中的"公平秤"便会倾斜，就会产生一种紧张感，出现心态失衡。他会急于消除紧张感，恢复态平衡。心态失衡有两种，一种是觉得自己吃了亏而产生的委屈感；另一种是感到自己占了便宜而产生的负疚感。前者更为敏感、普遍而重要。

2. 比较参照的对象

比较参照的对象可以是公司内外部的人，也可能是自己在公司内外其他岗位上的工作经历。

第一，纵向比较，即把自己现在得到的报酬与自己过去的相比，如果两者相当则感到公平；如果比过去少了，就会感到不公平，会影响工作的积极性；如果比过去多，也不会感到公平，会主动多做些工作。

第二，横向比较，这是公平理论的主要部分，即用自己所得的报酬与投入的比值，与他人的报酬与投入比值来比较。所得报酬包括工资奖金等物质的东西，所谓投入是个人的知识、经验能力、努力、贡献等。横向比较会出现三种可能：

①两个比值相等，产生公平感；

②A 的比值小于 B 的比值，A 会产生不公平感；

③A 的比值大于 B 的比值，A 也会产生不公平感。

3. 比较的主观性

公平比较是一种主观的比较，很难客观地计算。这里的投入是员工认为他对工作有价值的所有付出，如本人教育程度、工作经验、技术、努力等。成果是员工感觉从他的工作中所获得的任何有价值的回报，诸如待遇、提升、福利等。因此，这种比较与一个人对"投入"和"产出"的各项目重要性的评价有关。

4. 不公平的反应

如果不公平时，员工可能会出现以下几种情况：

①改变投入或产出，使分式值变小，如不再像以前那么努力，降低工作或产品质量；

②改变对自己或别人的看法，认为自己对公司贡献更大，别人没有自己工作努力；

③说服比较对象减少投入，或者改变对别人的投入成果的认识；

④停止当前的比较，选择另一个比较对象；

⑤离开公司。

亚当斯还做了这样的实验，在一家公司里招聘一批大学生从事招工审查工作，事先造成一种印象：这些大学生是不称职的。对他们实行两种报酬制度，一种是按时计酬，即每小时付给固定报酬；另一种是计件工资，即每完成一次审查工作付给一定报酬。成绩考核按数量和质量两个指标进行。数量指标是审查次数的多少，质量指标是审查报告的详细程度。按时计酬的大学生由于感到他们的工作本来是不称职的，因而更加努力工作或者增加审查的次数或者提高审查的质量；而接受计件的大学生一般不增加审查的次数。这是因为他们认为自己的工作是不称职的，所得报酬已超过自己的应得标准，如果报酬过高再加剧，他们的不公平感会增加。这一实验证明了报酬过高也会引起不公平感，尽管这种不公平感不像报酬过低那么普遍。

所以，如果按计件付酬，报酬过高的员工比报酬公平的员工产品质量高，但他们不会增加产量，因为这样会加剧不公平。相反，报酬过低的员工，产量高而质量低。如果以时间付酬，报酬过高的员工比报酬公平的员工生产率更高；报酬过低的员工产量更低，质量更差。

三、矫正型激励理论

（一）强化理论

1. 强化实验

美国心理学家斯金纳（Burrbus Frederic Skinner）做过一个实验，他在木箱中放进一只饥饿的小白鼠，同时在木箱内安装了一个能够传递事物的杠杆机关。当杠杆被压动时，就会有一颗食物球滚出来。如果小白鼠在偶然情况下踩动机关，就会得到一颗食物球，再次踩动就会再得到一颗食物球，经过多次反复，就形成了条件反射，踩动杠杆与得到食物球暂时联系了起来。如果停止供应食物球，小白鼠踩动杠杆的反射反应将会逐渐消退。

2. 行为定律

①人们在行为结果得到奖励后会继续保持这种行为，奖励会强化在类似情况下再次进行这种行为的可能性。

②人们在行为结果受到惩罚后会回避这种行为，惩罚会减少以后再次发生这种行为的可能性。

③人们在行为结果既无奖励又无惩罚之后，最终会停止这种行为，即得到中性结果的行为将逐渐消失。

④在人们进行的符合要求的每一次行为出现之后立即给予强化，会使人们的行为得到巩固。

3. 强化的类型

强化类型可以分为积极强化、惩罚消极强化、和消退。

①积极强化是在行为之后伴随一个有利的结果。

②惩罚是在行为之后伴随一个不利的结果。

③消极强化是在行为之后不再伴有不利结果，它是事前警告，如坦白从宽、杀鸡给猴看等，对鸡是惩罚，对猴是消极强化。

④消退是在行为之后不再伴有有利的结果，例如，如果员工每次主动加班都能得到领导的表扬，加班就得到了积极强化，员工愿意经常加班；如果领导不再表扬，久而久之员工就不再愿意加班。

为了提高组织的工作效率，就要鼓励对组织有积极意义的行为，消除有负面作用的行为，可以运用强化原理来矫正行为。矫正方式的选择应视具体情况而定，一般应以积极强化为主，还可辅以惩罚，如矫正员工经常迟到的行为，可以采用奖励全勤的积极强化方式，也可以采用惩罚迟到的方式。

（二）挫折理论

人在生活中难免会遇到挫折，挫折是主体指向目标的行为遭到障碍、干扰而不能正常进行，并伴随有心理上的紧张、不安、士气低落等。

挫折的发生不仅仅是由于外在障碍、干扰的存在，如公司政策、管理不善、人际隔阂等，还与受挫者内在条件不足以应对有关，如心理不健全、情绪不稳定、意志水平低、内心冲突激烈等。在组织中，领导作风、劳动条件、人际沟通等因素与员工挫折的发生直接相关。在面临挫折时，员工会出现心理的紧张和不安，伴随着心率加快、皮肤放电、呼吸改变与生理反应，挫折反应因个体而不同。个体遭受挫折时恢复平常的能力或适应能力（即挫折容忍力）也有差异。挫折容忍力的大小取决于意志力、经验、对挫折的判断、挫折的强度等。一个经验丰富意志坚强能正确判断挫折的人挫折容忍力较强。挫折强度与挫折容忍力相关。

面对挫折，每个人的行为反应会不相同。受挫者的反应不外乎两种：消极防御型和积极防御型，它们的主要内容如下所示。

1. 消极防御型

①文饰：寻找一些对己有利的理由，这种借口听来似乎合理，但并非真实，然而自己却能从中求得内心的某种安宁，减轻受挫感。它包括酸葡萄心理（贬低目标）和甜柠檬心理（夸大已取得的成绩）。

②压抑：将痛苦的记忆和经历从意识中排除出去，通过遗忘来避免或减轻痛苦。

③推诿：将自己做错的事推于他人，以减轻自己的负疚。

④逃避：不敢面对受挫的现实，从构成挫折的情境中退却，避免再接触，努力从其他活动中寻找乐趣。

⑤侵略：一种不理智的、消极的带有破坏性的行为，可针对自己所认为的挫折源（人或事）而发，也可迁怒于无关的旁人或折磨自己，甚至自杀。

⑥退缩：知难而退或畏难而退，内心焦急不安，却不积极寻找方法，茫然地适应产生痛苦的情境，丧失信心，自暴自弃。

⑦反向：一种矫枉过正的心理防御行为，努力压制自己的意志和感情，勉强去做一些违背自己愿望的事。

2. 积极防御型

①补偿：当实现某一方面的目标受挫时，设法以新的目标代替旧的目标，改变策略，另辟新途径，加倍努力，以现在的成功体验或其他方面的成就去弥补原来的失败痛苦。

②认同：效仿他人获得成功的经验和方法，增强自信心。

③升华：这是心理机制中最有建设性的一种，即把敌对、悲愤等消极因素化为积极动力，或把不为社会所认可的动机或需要转化成符合社会要求的动机或需要，做出更有意义的成就，如将削高就低的嫉妒心理和行为转化成拔低就高的竞争心理和行为。

④合理宣泄：一个人把心中的话说出来可以减少心理的紧张感减轻因挫折带来的消极情绪。

⑤增加努力：坚持原有目标，加倍做出努力选择其他途径，最终实现目标。

⑥重新解释目标：当达不成目标时，延长完成期限或重新调换目标。

面对挫折，我们应发展积极防御机制，减少消极防御机制，提高挫折容忍力以保护工作积极性。

四、提高创新激励措施的作用

在科技人才技术创新激励的因子中，科技人才认为工作自主和工作弹性这两个因子的重要性较差，这是因为大多数企业并不注重从工作方面来激励科技人才的创新积极性，这与我国的国情有关。实行弹性工作和工作自主要求企业的管理水平相对较高，而我国大多数企业的管理水平还达不到实行弹性工作制的要求，因此科技人才接触这些激励措施的机会自然很少，其重要性没有被广泛认可。但是随着企业制度的不断完善，这两个因子的重要性会越来越被广大科技人才认可，因此企业在今后的创新激励中也应该不断提高针对这两个因子的激励作用。

第六章　科技创新人才的成长需求与环境要素

科技创新人才是现代社会重要的人才资源，科技创新人才的成长受到多方面因素的影响，其主要包括内外两方面的因素。一方面，科技创新人才在成长的过程中，会产生一定的自身需求，这些需求都会影响着科技创新人才的成长。因此，要促进科技创新人才成长，就应尽量创造条件，满足科技创新人才的各种成长需求。这样科技创新人才便能够从创新能力和创新思维上得到成长。另一方面，外部环境也是影响科技创新人才成长的重要因素，其中企业环境因素对于科技创新人才的成长发挥着极为重要的作用。

第一节　科技创新人才的成长需求

一、科技人才与科技创新

（一）科技人才与创新

1. 科技人才

科技人才是一个动态的概念，人们对于这一概念的理解，会随着对知识、才能、道德理解的变化而变化。科技人才属于知识型人才，是那些能够通过内驱力进行创造的个体。人们通常将在科技领域中具有某种突出才能或掌握先进知识或生产技能且具有较高的思想道德素质，具有技术创新能力，并在某一领域或方面做出较大贡献的人才，称为科技人才。科技人才是科技人力资源中具有较高水准的资源，在科技人力资源的构成中具有重要的意义。通过比较科技人才与科技人力资源的概念可以发现，科技人才含有专业、道德等方面的内涵，而科技人力资源则不强调。科技人才的概念主要包括四个方面的要素：①具备专门的知识和技能；②从事科学技术工作；③具有一定的创新能力；④为技术发展和社会进步做出贡献。

作为科技人才，其经常表现出探索性、创新性、精确性、个体性、协作性等特点。科技人才的工作是对未知领域的探索，从而取得创新成果，这就决定了科技人才必然具有探索性和创新性的特点。要获得创新的工作成果，必须以对事物准确的认识为基础，这就要求科技人才必须具备精确性的特点。科技人才的工作不仅需要个体劳动，还需要团队合作。科技人才依靠个人的才能和智慧进行科技创新工作，体现的是其个体性。对于规模较大的科学研究来说，单独依靠某一个科技人才是难以展开研究的，因此，科技人才就需要组成团队开展研究，每一位科技人才在团队中都需要各司其职，互相合作，互相帮助，更好地发挥集体的智慧，这体现的就是科技人才的协作性。

2. 科技人才的创新能力

创新力又称创新能力。创新力按主体分，可分为国家创新力、区域创新力、企业创新力和个体创新力，且存在多个衡量创新力的创新指数排名。创新主要指的是科技领域的创新，后来，其意义不断扩大，现指一切由人类的主观作用所取得的创新，包括思想、文化、经济、社会、科学等方面的创新，都被包含在内。

对于创新的概念，也存在着不同的理解。例如熊彼特就将创新理解为一种全新的"生产函数"，也就是生产体系中加入的全新的要素或组合。彼得·德鲁克则将创新理解为使资源创造财富的新能力，即改变资源创新潜力的行为。创新的形式也变得越来越丰富，除了技术和产品的创新之外，还包括制度创新、战略创新、管理创新、营销创新和文化创新等形式。科技人才的创新力是科技人才进行创新活动、做出创新成果的能力，这也是科技人才最重要的能力。

（二）科技人才的能力构成

1. 科技创新力

科学创新力是科技人才所具备的最为重要的能力，也是现代科技工作者必备的能力。所谓创新就是要做到人无我有，人有我优，人优我奇。创新是一个国家各项事业发展的动力和源泉。所谓的创新力就是创新者在前人的知识和技术基础上，发挥自己的创新思维，通过开展探索活动，产生创意取得创新成果的过程。科技人才的创新力就是科技创新力，其主要包括创新的意识、思维和实践能力。对于国家来说，要获得持续的发展，就必须有大量高素质创新能力的科技人才。科技人才通过其高水平的科技创新力，取得科技创新成果，带来科技的进步，推动着社会的发展。可以说，科技人才与科技创新力，是一个国家核心竞争力的关键。

2. 终身学习能力

在当今的知识经济时代，知识的创新具有重要的地位和意义。个人不仅要以创新的形式占有知识，更多的时候，还需要广泛借鉴他人的经验和知识。要想占有知识，必须依靠学习这一形式。虽然在现代社会，信息手段越来越先进和丰富，人们也能够广泛地接触到各类知识。但是，要想真正实现对知识的占有，必须经过自身的加工和吸收。随着社会的不断发展，人们对于学习知识的要求，也在逐渐发生变化。主动学习新知识，在实践中运用知识，成为人们对于知识能力最基本的要求。这深刻地体现了学习的重要性，在知识经济时代，对于科技人才来说，必须具备终身学习的能力。终身学习，就是个体在完成学校教育阶段后，在工作后，仍然接受一定形式的、有组织的教育。相关统计发现，对于一个人来说，在其所需要的知识中，在大学阶段所学习的知识只占到了10%，而剩下的90%的知识，都是在工作中学习得来的。随着知识经济时代的不断发展，在工作中学习并获得知识的比例还将不断升高。在当今的时代下，知识将成为比资本更为重要的资源。

3. 团队合作及组织协调能力

目前大部分科学研究都是以团队的形式进行的，这主要关系到两个方面。一方面，对于科技人才个体来说，即便其个人具有再高水平的知识与能力，一个人的力量也是有限的，只有依靠集体的力量与智慧，才能够有效地开展科技创新工作。另一方面，在团队协作下，相互之间形成和谐、互助的合作关系，能够最大限度地激发团队的智慧与能力，更好地开展科技创新工作。因此，对于科技人才来说，还应具有一定的团队合作能力。组织协调能力，则主要指的是分配工作任务和资源，对群体科技创新活动的过程进行控制和协调，解决群体在过程中的冲突，激励群体更好完成科技创新的能力。尤其是对于科技管理人员和服务人员来说，组织协调能力是其所必须具备的能力。

4. 语言和文字能力

语言和文字能力主要指的是用语言和文字进行表达的能力。语言表达能力能够反映一个人的逻辑思维能力与应变能力。对于科技人员来说，单纯具备科技能力是不够的，只有通过语言，科技人才才能够将自己的思维、想法和创意表达出来，并与他人进行沟通，而只有不断地沟通，才能够找出科技创新成果中的不足，并对其进行完善。文字能力则关系到科技人才对其科技创新成果的展示。良好的文字能力，不仅能够充分体现科技研究的水平，也能够将科技人才的价值充分体现出来。对于科技人才来说，语言和文字能力是其应具备的一项重要的综合素质。

5. 洞察力

所谓的洞察力就是深入观察事物或深入理解问题的能力。科技创新是对未知领域的探索，在未知领域中，缺少直接性的相关知识和技术的帮助。因此，对于科技人才来说，具备一定的洞察力就显得尤为重要。洞察力属于一项综合能力，涉及认知、情感、行为等方面。对于科技人才来说，良好的洞察力，能够帮助其解释更多的自然和社会中存在的客观规律。

6. 想象力

想象力就是在头脑中创造观念或画面的能力，因此，可以将想象力归为形象思维能力。一个人所具备的知识是有限的，而其想象力则是无限的。科技人才依靠想象力能够充分激发其内在的潜能，对于科技创新的实现具有重要的推动作用。每一个科技创新成果的获取，都离不开想象力的作用。

二、科技创新人才成长的影响因素与需求

（一）科技创新人才成长的影响因素

科技创新人才的成长不仅受其自身因素的影响，也受其所处的环境因素的影响，即科技创新人才的成长离不开内因和外因的共同作用。已有研究主要是以一定范围（行业范围、地域范围等）内相当数量的成功人才为研究对象，分析其成功道路上内外因素条件的共性，进而总结能够影响科技创新人才成长的因素。

这种方法之所以被较为广泛地采用，一是因为在人才质量上，某行业或者某区域中成功的人才和著名的学者代表了其所在行业或地域的相对高级的成就，被公认为是成功的人才，具有代表性；二是因为通常所研究的对象不是一两个个体，而是具有相当数量的群体，能够挖掘出成功的共性，避免片面性结论，具有一定的覆盖面和共同特征。

通过系统的统计发现，影响科技创新人才成长的内外因主要如下。

①内部因素：专业兴趣；崇尚理性、热爱真理、求知欲强；实践或实验等行为能力；掌握发达文明的语言；良好的个人因素（包括记忆力、好奇心、创新欲望等）。

②外部因素：国家的综合国力；信仰自由；富于活力的学术团体、学校或学术机构；良师；家庭出身与环境。

另外，众多学者从不同角度对影响科技人才成长的环境因素进行过比较深入的研究。例如，有学者提出，有利于科技人才成长的环境和平台包括政策环境、法制环境和人文环境。在中青年学术人才培养和成长上，有

的学者认为适宜的外部环境因素包括动态培养环境、竞争激励环境和人才群体化环境。

（二）科技创新人才的需求要素

从维度上，可以将科技创新人才的需求划分为9个维度，每个维度之下都有相应的需求要素，具体如下。

①工作物质条件：丰厚的科研经费、追加经费的机会、工作场所与环境、仪器设备与实验条件。

②生活物质条件：优厚的薪酬与福利、家庭成员获得的特殊照顾或优惠待遇。

③工作认同：与同行相比获得公平的报酬、获得与自己的付出相称的报酬、工作成绩得到客观公正的评价、自己的工作效果得到及时的反馈。

④工作特性：从事具有挑战性的工作、从事自己感兴趣的工作、从事具有重要意义的工作、适度的工作压力、工作绩效考核的高标准。

⑤组织制度：自己的建议能够有效反馈到上层并被重视、组织中重要事项的决策权、随时与上级讨论工作的自由、接受培训和继续教育的机会、得到政府及单位的政策倾斜。

⑥组织氛围：积极良性的竞争氛围、主管的激励和赏识、受到同事的尊重、受到组织的关心。

⑦社会关系：与领导的人际关系、与同事的人际关系、与下属的人际关系、通过联谊会等组织进行的社会交往。

⑧职业权益：自主支配工作时间、自主安排工作进程、明确自己工作绩效的衡量标准、研究成果的专利权、对于科研资源的支配权、申请重大项目的机会、获得更多的项目合作机会。

⑨成就追求：荣誉奖励、社会地位、得到社会肯定、行政职位晋升、专业职称晋升、充分发挥自己的智慧和能力、攻克研究难题的成就感。

三、科技创新人才的成长规律

（一）人才成长的阶段规律

人才成长阶段规律的研究着眼于人才的生命周期，基于纵向的时间序列，依据不同时期对于人才的投入以及获取的产出的不同，将科技创新人才的成长过程划分为不同阶段，进而分析不同阶段所对应的人才特点、投入、资质的获取和提高、成果产出等多方面的因素，从而为寻找对应于不同阶段的恰当人才培养措施奠定基础。

有的学者通过研究，将人才的成长规律总结为基础学业期、现场实践期和创造活动期三个阶段。在第一阶段，人才在高等院校接受专业教育，为将来进入行业的生产、工作实践打下坚实的基础；第二阶段，人才通过5～8年的工作实践实现"三个转化"：由掌握书本知识能力向实际操作能力转化、由操作能力向单项开发能力转化、由单向开发能力向系统开发能力转化；进入到第三阶段的人才才能够胜任创造产品、创造市场的工作，充分发挥其创造能力。

（二）人才素质结构的成长规律

人才素质结构成长规律的研究着眼于科技创新人才本身应具备的资质、素养及其结构关系，换句话说，就是一个人只有具备了哪些资质要素，不同方面的资质要素应占据怎样的比例关系，才能成为一名科技人才。笔者根据对诺贝尔奖得主以及各行业部分著名专家和优秀学者的研究和总结，得出以下两方面的素质结构平衡对科技创新人才的成长非常重要。

第一，既有雄厚的理论基础，又有丰富的实践经验。理论是科学研究的基础，实践是科学研究的实现手段和成果应用的最终目的。但凡取得伟大成就的科学家，无一不是靠扎实的理论基础与踏实的科研实践相结合的。

第二，既有广博的学识见解，又有崇高的科学品质，即"德才兼备"。我国著名科学家钱学森是这一方面的典范。钱学森在科学研究上取得辉煌的成就，为祖国做出了巨大贡献，绝不仅仅来源于他自身的专业造诣。他崇高的科学品质与科学精神更是为他从事科学技术的学习和研究提供了动力、导向和方法。钱学森面对美国的各种物质利益而不动心，面对美国政府的百般阻挠而不改报国之志，三次获得美国的大奖而拒绝领奖，视爱国之情、民族气节高于一切。强烈的民族自豪感帮助钱学森战胜重重困难，最终实现了自己报效国家的心愿。

（三）内外因素综合作用的成长规律

从系统动力学的角度来看，任何事物的存在和结果的形成，都是由于受到事物本身的内在因素和外界环境因素共同作用所致。这个过程是复杂的，涉及诸多因素。基于内外因素合力作用的成才规律的相关研究，试图从一个系统、完备角度出发，来分析科技人才成长并最终成才是在怎样在内外因素的共同作用下来实现的。

四、促进科技创新人才成长的途径

众多专家、学者对科技创新人才的特点、成才规律和成长因素进行研究，目的是要以之为依据，探索出能够有效促进科技创新人才成长的方法和途径。研究发现，科技创新人才的成长是系统作用的结果，既存在先天因素又存在后天因素，既有内在条件的推动又有外在条件的影响。已有研究认为，要在一个国家实现科技创新人才的良好成长，必须从人才自身到社会各个层面都付出努力，以求实现科技创新人才培养和成长的良性循环。具体而言，家庭、教育机构、科技创新人才所在单位、政府以及社会都具有能够促进科技创新人才成长的因素。因此，各方也都有责任为科技创新人才的成长提供有力的支持，促进科技创新人才实现有效的成长。

各方能够通过以下途径促进科技人才的成长。

①家庭。良好的家庭教育、家庭传统和家庭氛围的熏陶，对于人才个体的性格特征、志趣毅力等非智力因素有很重要的影响。

②教育机构。教育机构需要进行科学、合理的课程设置，使受教育者能够获得和建构较为全面的知识结构；在重视理论知识教育的同时，加强实践教育，使受教育者通过实践教育能够实现理论与实践的有效结合；在关注受教育者知识获取的同时，还应该充分重视对受教育者综合素质的培养。

③研究机构与企事业单位。作为研究机构或企事业单位，应为科技人才营造一个公平的竞争环境，并制订有效的激励机制，充分激发科技人才的潜能和积极性，激励科技人才不断成长。

④政府。根据正确的科学发展观，制定合理的宏观科技政策，以及通过设立人才基金等方法构建公平竞争、有利于人才脱颖而出的公共平台等举措，从而引导和促进科技人才的成长。

⑤社会。在社会上，应营造尊重科学、尊重人才的社会氛围。在这样的氛围之下，将会激励更多的人才进入科学研究的领域，才有机会涌现出更多的优秀科技人才，而大量科技人才的涌现，也会促进社会氛围向尊重科学、尊重人才的方向发展，从而形成良性循环。

五、科技创新人才的成长

（一）创新能力成长

1. 洞察能力

科技创新人才要培养自己的洞察能力，首先要培养自己的观察习惯。对观察习惯的培养主要通过以下三个方面进行。第一，要为自己的观察制订明确的目的和计划，从而进行有选择性的观察。只有在明确的目的下，才能够确定观察的中心和范围，并确保观察集中在正确的事物和焦点上，一旦失去了目的，观察就会变得毫无头绪。有效的观察离不开计划的制订，一旦缺少观察计划，就会使观察变得混乱，失去科学性。第二，要培养重复观察的习惯。重复观察的目的在于消除观察中出现的误差，提高观察结果的科学性，以保证通过观察获得的结论是正确的。第三，要养成边观察边记录的习惯。观察结果是观察过程和观察行为的产物，因此，必须以严谨、科学的态度对待。这就要求在观察过程中不能只是单纯的记录观察结果，更应该对观察结果进行书面的记录。观察结果有着丰富的内容和细节，单纯依靠记忆记录观察结果并不可靠，因此，对于科技人才来说，要保证观察结果的科学性，使其能够为科学研究所用，就必须养成边观察边记录的习惯。

在养成良好的观察习惯的基础上，科技创新人才还应掌握科学的观察方法，这也是科技创新人才开展科学观察的重要基础。科技创新人才要展开科学的观察，不仅要具备科学的观察思维，在实施观察时，还应采用科学的方法。在实施观察的过程中，科技创新人才既要善于观察事物的全局，也要善于观察事物的细节；既要善于观察那些瞬间发生并瞬间消失的现象，也要善于观察在缓慢、持续的过程中逐渐发展的现象。科技创新人才要提高自己的洞察力，就必须将掌握科学的观察方法作为追求的目标。

2. 学习能力

创新者必须着重培养自己独立思考的能力。独立思考不仅是学习的重要途径，也是学习中重要的影响因素。科技创新人才在学习的过程中，必须培养自己独立提出问题、独立思考问题、独立解决问题的能力。在遇到困难时，不要马上寻求他人的帮助，更不要回避问题，而是要先进行独立的思考，以求独立解决问题，只有这样，科技创新人才才能够获得进步和成长。

创新人才在学习过程中还必须具备顽强的毅力。从实质上来说，学习本身就是一个探索的过程。因此，在学习的过程中，难免会遭遇困难和挫折，这也对科技创新人才的毅力提出了要求。只有具备了顽强的毅力，科技创新才能不断克服学习过程中的困难和挫折，将学习的过程坚持下来。顽强的毅力并不是短期就能够获得的，而是要在漫长的学习和实践的过程中不断培养起来的。

在学习过程中，掌握科学的学习方法能够使创新者受到事半功倍的效果。科技创新人才应该努力探索学习的科学方法，可以使人们少走弯路、节省时间、提高效率，可以使人们在相同付出的情况下，取得较大的收获，因此，科技创新人才必须掌握科学的学习方法并在学习实践中巩固提高。

3. 记忆能力

培养锻炼自己的记忆能力，应该从以下几方面做起。

①全神贯注，精力集中。保持高度的注意力是学习和记忆的必要条件。因为学习和记忆时全神贯注、精力集中可使人的大脑兴奋点增多，从而对事物的记忆深刻、持久牢固。

②目标明确、步骤具体。这是记忆取得良好效果的重要条件。明确的目标和具体的步骤有利于脑细胞保持高度的活跃状态，在这样的状态下，大脑对外部信息的接受也变得更为容易，并且能够形成更为清晰的记忆。

③收集信息、加强印象。人脑记忆的过程，实际上是把来源于视觉、味觉、听觉、嗅觉和触觉等多种渠道的信息综合处理的过程，这种多渠道信息刺激可使人们印象深刻，进而使记忆的牢固程度提高。

④积极思维、力求理解。人脑的记忆活动与思维活动密不可分，孔子曾经说过："学而不思则罔，思而不学则殆。"在记忆过程中，多思、多想，记忆效果就会提高。如果只是机械的背诵，记忆也难以取得理想的效果。

⑤重复训练、巩固提高。一定的重复对于增强记忆的效果具有重要的作用。因此，重复的训练也成为强化记忆的基本手段。在记忆的基础上，还应对其进行一定的巩固和提高，其目的是防止遗忘，并对记忆进行修补，其通常所采用的也是重复的方式，如每隔一段时间，就对所学的知识重新进行阅读。

4. 操作能力

操作能力可以促进思维发展。在人们动手的全过程中，始终贯穿着动脑活动。在操作实施前，思维活动主要涉及操作目的、操作步骤和操作方法；在操作实施过程中，思维活动主要表现在解决操作过程中出现的各种问题。人们在操作时，一方面不断修改和补充原有的设想和方案，另一方面加深对客观事物的认识，推动思维活动的向前发展。

在发明创新活动中，操作本身就是一个复杂的过程，必须掌握一定的专业知识、了解一定的操作技能、遵循一定的活动规律，才能顺利进行操作活动。操作应该以相应的知识和经验为基础，如果不掌握有关的基本知识，操作过程就会因缺少预见性、计划性、方向性、步骤性和安全性而半途而废，甚至引发事故。

操作活动的全过程是在人们大脑的指挥下进行的，离不开积极进取和认真思考。正确的心态有助于人们培养操作能力，它能促使人们积极思考有关操作的问题，对诸如操作目的是否明确、操作方法是否合理、操作步骤是否具体、操作过程是否完善、操作结果是否可靠等反复思索。以便发现问题、分析问题并解决问题。

提高操作能力，使之成为操作技能，是每一个科技创新人才必须努力实现的目标。但技能要以知识的理解为基础，经过反复的训练才能形成。应该注意的是，知识的理解并不等于技能的形成，这好比一个人了解了写字的有关问题，学会了笔画和笔顺的基本知识，知道了握笔和运笔的基本方法，却不等于掌握了写字的技能。因为要掌握写字的技能，必须经过反复地练习、甚至是长期刻苦地练习，才能有所成就。人的行动是由一系列动作组成的，行动的顺利完成有赖于实现这些动作的熟练程度。通过练习可使实现动作的方式得到巩固，形成良好的习惯。

5. 想象能力

现代科学技术的发展十分迅猛，知识更是以惊人的速度在日益增长的。随着科技竞争的加剧，智力竞争也越显重要，因此培养与发展科技创新人才的想象能力，进而提高他们的创新力就成为十分重要的事情。

从本质上来说，想象就是客观事物或现象在人脑中的反映，这也说明，知识和经验是想象的基础。如果科技创新人才在知识和经验上有所不足，就会导致想象的空洞和无力，所谓的想象也只能是胡乱的想象。想象力在科技创新中，也就无法有效发挥作用。当科技人才具备了丰富的知识和经验基础的时候，其就能够展开丰富的想象，能动地促进科技创新的发展。所以，科技创新人才为了发展想象力，就要不断积累知识和经验。虽然知识和经验对于想象力有着重要的作用，但是这并不意味着当知识和经验达到一定的程度，就会自然获得想象力的提升。除了知识和经验之外，想象力还要求科技创新人才具备独立思考的思维和能力以及探索精神。如果缺少这些能力，即便科技创新人才具备了相当的知识和经验，其也会满足于现状，反而会限制自身想象力的发展。

好奇心和求知欲以及兴趣等，均是创新性想象的起点。它们能够有效驱动和激发科技创新人才的想象力。科技创新人才要力求发展自己强烈的好奇心和求知欲，提倡科学的怀疑精神，遇事多问几个为什么，使大脑里的想象车轮常转不息，使大脑里的想象翅膀常振不止。科学巨匠爱因斯坦曾说："我没有特别的天赋，我只有强烈的好奇心。"正是这种出类拔萃的好奇心激发了爱因斯坦异乎寻常的想象力，正是异乎寻常的想象力，导致了狭义相对论的诞生。

想象是一种心理功能。因此，想象会受到情绪和态度的影响，人们从长期新实践中体会到，情绪能够对想象起到刺激作用，而态度对想象起到的则是调节作用。通常情况下，情绪越是丰富和积极，也会影响想象产生同样的状态。情绪对想象的方向也能施加影响。正向情绪，如愉快、乐观的情绪常使人想象起充满希望、令人兴奋的情景；负向情绪，如忧郁、悲观的情绪则常使人想象起充满沮丧、令人失望的场面。西班牙作家乌阿尔德曾说："想象力是从人身热度里产生的。"他所说的热度实际上就是热烈的情绪。这位作家又进一步解释了他的观点，他说："一个人谈恋爱时，就会大写情诗、大唱情歌，因为情歌属于想象，而恋爱产生热度，因而恋爱会使想象力提高。"在发明创新活动中，创新者乐观的情绪和积极的态度能够激发自己的创新性想象，也能够丰富自己的创新性想象。所以科技创新人才要以饱满的热情和积极的态度投身于发明创新实践中去，这样才能使创新性想象得到发挥。

创新性想象与创新性思维，常常如同夜空中的闪电一样，稍纵即逝。这就需要人们具有敏捷的反应能力和快速的思维速度，才能捕捉它们。在发明创新过程中，正是由于某一因素的刺激，科技创新人才才产生了创新的想象，形成新的观念或想法。但是，这种新的观念或想法又是极不稳定的，很容易在其他因素的干扰下而消失。因此，科技人才在创新过程中，必须要更能将瞬间产生的新想法或新观念记录下来，以使其保持稳定，不因其他因素的干扰而消失。记录下来之后，科技创新人才便能够对其进行深度的加工，并对其进行实践的检验，最终获得科技创新的成果。

6. 判断能力

所谓判断力，就是在周到的与必要的观察或洞察的基础上，对于各种观察材料连贯起来进行思索的能力。在创新活动中，经常发生偶然事件或意外情况，并非每一个偶然事件或意外情况都能导致创新的成功，也并不是每一个偶然事件或意外情况都值得进一步探索，这就需要创新者有准确的判断力。准确的判断力在捕捉到偶然事件或意外情况时，对是否进一步追究线索具有决定性意义。创新者准确的判断力是在实践中，特别是在创新活动中逐步训练、培养与提高起来的。判断力的训练是多方面的，其中一个重要方面就是要注意对于细节，特别是对某些意外的、意义不同寻常的细节的分析；另外则是对于各个细节之间内在联系的思索。创新者准确的判断力与创新的敏感性、创新的知识经验也有密切联系。此外，判断力与上述洞察力是相互包含、相互渗透的。在洞察事物时，需要有必要的判断力，而在判断事物时，又需要有必要的洞察力。

7. 灵感捕捉能力

灵感本身也是一种创新活动中的偶然，往往在意外的事件中产生，给创新的成功提供偶然机会。此外，由于机遇也往往在特殊的思想状态作用下出现，并因特殊的创新力而由可能变成现实，因此，灵感不仅有助于机遇的产生，也有助于机遇的捕捉。从某种意义上说，捕捉到灵感的同时，也就捕捉到了一次机遇。在捕捉机遇中借助灵感。不失为一种导致创新活动成功的重要手段。所以，创新者在捕捉机遇时要注意捕捉灵感，要注意通过捕捉灵感来捕捉机遇。

当然，灵感是与创新者的创新意识分不开的。创新意识强，不受传统观念的束缚，往往会较好地运用灵感去捕捉机遇。反之，则会使运用灵感的主观能动性受到制约，从而不能起到应有的作用。

（二）创新思维培养

1. 水平思维能力

水平思维能力，又称为水平思考能力，是运用水平思考法解决难题、产生创意的能力。水平思维依靠"横向思维"的理论依据，训练了人们的创造性、革新性，是一种深思熟虑的、系统的过程，它调动人们的能力用另一种方式思考。

发展水平思维能力要多运用水平思考法来解决问题，在采用水平思考法时要遵循以下原则，一是对大脑中控制性观念的清醒认识，二是寻找观察事物的不同角度，三是跳脱垂直式思考的严密控制，四是多多利用机会。

2. 组合思维能力

组合思维能力就是将分散的因素组合起来的思维能力，属于一种综合性的思维能力。在组合思维下，科技创新人才能够将前人的知识和经验组合起来，创造出新的方法，以发现和解决问题。组合思维能力能够为科技创新人才提供组合创造的方法，也就是将多种理论、技术、设备、材料等进行全新的组合，从而创造出新的事物。由于组合创造是在一定的整体目的下利用现成的、前人较为扎实的技术成果，因此对于那些采用者来说并不需要建立高深的理论支撑，或者开发先进的技术成果，操作起来较为容易，就好比"站在巨人的肩膀上看世界"一样。在现代技术创造成果中，绝大部分得益于组合创造原理。

3. 逆向思维能力

逆向思维是从事物的反面去逆向思考问题的一种心理过程，它也是创造性思维的重要形式。科学技术的实践证明，人们在创造活动中运用逆向思维，从事物的反面去思考问题，往往能打开解题的思路。佐证解题的过程，从而找出解决问题的正确答案。例如，过去人们在读、写、看数字时，习惯上是从左到右，从高位起，而在运算时却是从右到左，从低位起，运算的速度很慢。"快速计算法"的发明者，大胆地运用了逆向思维，创造了从左往右的算法，因而使读、写、算、看四者一致起来，简化了运算过程，大大提高了运算速度。

由于受习惯思维的影响，在解决或思考问题时，人们总是习惯从其正面着手，而这样的结果往往是自己不知不觉中进入死胡同或事倍功半。把思维方法来个180°的大转弯，进行逆向思维有时会有意想不到的效果。

逆向思维的意义在于，从惯常思维中摆脱出来，冲破某些过时的传统观念的束缚，从相反的角度进行思考，以打开思路，找出解决问题的办法，提出有创见性的新观念，推进科学技术的发展。因此，在运用逆向思维进行创造活动的过程中，必须大胆地摆脱惯常思维的束缚，突破某些常规和传统习惯的限制，不能人云亦云，缩手缩脚，处处、事事按前人的老路走。

4. 联想思维能力

联想思维是一种由此及彼的思维活动，即由一个现实刺激引起的对其他事物的映象或想象，它贯穿于人的各种实践活动之中。从一个事物想到另一个事物，从过去的事物想到未来的事物，这些都属于联想。联想实际上属于人的心理活动，可以说联系思维属于人的本能。有些事物或现象会在特定的时空下伴随出现，或在某些方面表现出一定的对应关系。随着联想的反复出现，人的大脑就会对其接受，并以特定的记忆模式和表象结构将其存储起来，当再次遇到该事物或现象时，大脑便会自动对确定的相关联系进行搜寻，产生联想，联想到不在眼前的事物或尚未发生的现象。

表象和形象是联系思维的主要对象，也是联想思维的媒介。表象是对事物进行感知后形成的印象，即便该事物离开了人们的视线范围，也能够通过表象在大脑中对其形象进行再现。表象具有个别、概括、想象三种不同的类型，其中个别表象和概括表象与联想相关，想象表象与想象相关。根据亚里士多德的联系观点，可以将联想分为相近、相似、相反三种主要类型，而其他类型的联想或是这三种联想的具体展开或是这三种联想的组合。

联想思维在科技人才的创新活动中，具有十分重要的作用。虽然联想思维作为人类的本能，是人类的天赋，但是要通过联想进行创造，还必须依靠后天对联想思维能力的发展。经过后天的能力强化，科技创新人才能够将意义差距极大的事物联系在一起。这依靠的便是科技创新人才丰富的经验和知识。科技创新人才拥有的经验和知识通过记忆的形式在大脑中存储大量的神经元模型，这就使得科技创新人才能够充分发挥其强大的联想思维能力。

第二节　科技创新人才成长的环境要素

一、影响科技创新人才成长的环境

（一）直接环境

科技人才创新的直接环境包括个人的组织环境、心理环境、企业自身制度环境等三个方面。

1. 组织环境

科技创新人才所处的组织环境在层次上属于中观层次的环境，家庭、学校、企业，构成了科技创新人才所处的组织环境。家庭是影响科技人才成长的初始环境，家庭对于孩子的教育观念和方式，对于孩子创造力的培养具有重要的影响。在学校环境中，对学生创造力培养的影响，则主要来自课程设置、教学方法、教学管理、考试制度等，这些方面的消极因素都限制了学生创新能力的激发和培养。企业环境对科技创新人才成长的影响则主要来自管理方式、企业作风、利益分配、评价标准、人际关系以及设备和资金等条件。在企业环境中，科技创新活动通常都是以团队为单位开展的，因此，领导者于创新人才的成长具有重要的作用，领导者的领导能力以及他对科技创新的支持对科技创新活动效率的提高具有积极的作用。同样，在团队合作中，团队的科技创新能力不仅是由团队内每一个科技创新人才的科技创新能力决定的，团队之间的协作和相互启发也对团队科技创新能力的激发具有重要的作用，甚至团队的协作要比某个科技创新人才的科技创新能力更为重要。

2. 心理环境

科技创新是一个漫长的过程，在这个过程中，会遇到很多的苦难和挫折，也需要科技创新人才做出一定的付出。因此，对于科技创新人才来说，在科技创新的过程中，不仅需要具备一定的知识、技能储备以及良好的身体素质，还需要具备坚定的心理素质，这也说明了心理环境对于科技创新人才成长的重要性。科技创新人才要想在科技创新活动中取得成功，必须具备以发展的眼光看待问题、不墨守成规、不迷信权威、敢于质疑、正确对待失败、谨慎对待结论等素质。科技创新人才的心理环境包括创新态度、工作态度、心理健康态度等。创新态度要求科技创新人才以怀疑的态度洞察现状，以批判的态度对待已经得出的结论。科技创新人才只有具备了较强的创新态度，才能够使自己的创新思维更加活跃，使自身能够不断产生新的想法。创新是由灵感带来的，而对于灵感来说，个体的激情则是灵感的重要来源。对于科技创新人才来说，只有对科技创新工作充满热情，才能够充分激发自身的主观能动性，使自身的创新潜力得到最大限度的发挥。在创新的过程中，必然面临挫折和失败，因此，科技创新人才的心理健康状况，就对科技创新活动产生重要的影响。如果科技创新人才的心理状况是消极的，那么在遭遇失败和挫折时，他就会出现自我怀疑和自我否定，最终造成科技创新的失败；而健康的心理状况则会在科技创新人才遭遇困难和失败时，给予其积极的心理暗示，激励着科技创新人才勇于面对失败，并坚持下去，最终取得科技创新的成功。

3. 企业自身制度环境

科技创新人才处于企业环境之中，因此，可以说科技创新人才的成长与企业的成长之间是相互促进的关系。企业自身制度环境主要包括产权制度、组织结构、管理制度等环境因素。

（1）产权制度环境

企业的产权制度关系到企业的管理、人事、分配等一系列制度，甚至对企业的发展方向也发挥着重要的影响。因此，产权制度环境的好坏，无论是对于科技创新人才的成长还是对企业的发展来说，都是重要的因素。但是，目前在不少高技术企业中，对产权制度环境重要性的认识还有待提高，这就造成了在实际的工作中出现产权关系不明确、结构合理等问题，造成了企业过于关注短期利益，不重视企业创新，科技创新人才难以得到有力的支持。通过分析可以发现，造成这种问题的根本原因，就在于其对于传统企业产权模式的盲目套用，忽视了其作为高技术企业在产权制度环境上的特殊要求。对于高技术企业来说，人才资本是其最重要的资本，对于企业的发展有着重要的影响，尤其是在科学技术飞速发展的今天，科技创新人才对于高技术企业发展的影响和作用将变得越来越大。因此，高技术企业要想获得发展，就必须对产权制度进行改革，对科技创新人才进行有效的激励，实现科技创新人才与企业的共同成长。

（2）组织结构

企业总是以一定的组织形式存在的，并依靠一定的组织结构，实现正常的运转。作为企业运转的基础，组织结构对于企业生存发展发挥着重要的影响。尤其是对于高技术企业来说，不仅要建立科学、合理、高效的组织结构，更要求组织结构能够随着环境的变化而不断创新。要实现这一目标，企业必须做到以人为本，合理配置资源，只有在这样的组织环境支持下，科技创新人才的作用才能够得到充分的发挥。

（3）管理制度

管理是企业中的重要活动，管理以人为主要对象。因此，管理环境对于科技创新人才的成长来说，也具有重要的影响。对于企业来说，其所处的环境是动态的，企业的发展必须要不断适应各种情况的变化。企业只有不断创新管理的方式方法，提高企业管理的效率，才能够促进企业的发展。尤其是对于高技术企业来说，其在管理上，更需要敏锐预测环境的变化，及时地在管理上进行改革创新。此外，高技术企业在管理上，还应该表现出一定的激励性、疏导性、约束性，建立体现现代社会发展需求的信息化管理方式，实现快速的反映和高效的管理。这对科技创新人才创新工作的开展和实施以及激励科技创新人才实施科技创新有着积极的作用。

（二）间接环境

人才创新的间接环境主要包括政治、经济、自然和文化环境。

1. 政治环境

对于科技创新来说，政治环境主要包括国家的政治体制、政局状况、政府对于创新的措施和法律等。国家的政治体制和政局状况是科技创新的基础。回顾历史可以发现，当政局处于动荡的状态下，国家的存亡和个人的生存是人们关注的首要问题，而科技创新则显得不那么重要，科技创新活动也无从开展。科技创新的开展也需要自由、宽松的政治环境，在这样的环境下，科技创新人才能够有充足的激情追求科技创新。若政治环境不支持科技创新活动，科技创新人才的成长便会遭到限制，甚至还会对其生存产生消极影响。

从政策上来说，政策是政府协调和配制国家公共资源的主要方式，政府的政策是支持创新的，企业和个人的科技创新活动就会得到有力的支持，科技创新的积极性也会得到极大地激发。例如，政府对于创新产品的采购政策、减税政策，都是企业开展科技创新的动力；而法律环境，如知识产权保护法等相关法律条件，能够实现对科技创新成果的有效保护，保障科技创新人才的基本权益。

2. 经济环境

人的需求总是由基本的层次向更高的层次发展的。人们对于更高层次的追求，需要以基本生存需要的满足为基础。科技创新是人的高级活动形式，也是人们对于自我实现的追求和满足。因此，对于科技创新人才的创新活动来说，其首先的基础就是对基本生存需要的满足。只有满足了基本的生存需要，科技创新人才才能够专心的从事科技创新工作。物质条件的满足就关系到经济环境。经济环境主要包括经济发展水平、市场竞争、产业结构、国家税收制度等。科技创新是一项具有一定风险的事业，一旦创新失败，其投入就会难以收回，对创新主体造成极大的损失。因此，要促进创新活动的开展，必须要为其提供一定的经济支持，例如对于企业的创新活动来说，政府可以通过税收政策的优惠，鼓励其开展科技创新活动。市场竞争也是影响科技创新活动的主要因素，一方面，在竞争下，企业需要不断地压低利润，这就导致企业收入的降低，企业对于科技创新的投入自然会降低；另一方面，企业为了在竞争中获得优势，就必须通过科技创新，使产品获得竞争对手所不具备的特点和优势，以在竞争中胜出，促进企业的发展。

3. 文化环境

文化主要指的是一个国家内，整体居民所共有的机制观。科技创新活动的开展同样受到主体价值观的影响。当社会中形成支持和崇尚创新、不苛责失败、鼓励自由和个性的价值观，就有利于促进科技创新活动的开展。同时，在文化环境中，也存在着不利于文化创新的因素，如平均主义、从众心理等，这就使得社会文化给想要开展科技创新活动的科技创新人才造成了一定的心理压力，迫使其为了避免失败、避免承担责任，而采取保守的态度和方法，阻碍了科技创新人才个性的发挥和科技创新活动的开展。

4. 自然环境

自然环境主要包括自然中的风景和地理。良好的自然环境能够给人带来美的享受和舒适的感觉，使人获得心情上的愉悦，自然有利于人们想象力和创造力的发挥。从地理上来说，开放的地理位置，有利于沟通和交流的实现，对于个人来说，也能够获取更多的信息，形成包容的思维方式，对于新事物的出现和传播也更容易接受；而处在较为闭塞的环境中，人的思维也是较为封闭和保守的，自然不利于创新思维的培养和科技创新活动的开展。

二、环境对科技创新的作用

（一）保证作用

创新活动不仅是一种想法，更是将这一想法实现的过程。要在现实中实现创新想法，就需要一定的物质、政策、环境等方面条件的支持，如资金、人员、设备、优惠政策、社会氛围等。在良好的环境条件下，科技创新活动就能够得到有力的支持。随着科学技术越来越朝着分化和专门化的方向发展，掌握所有相关学科的知识是不可能的。个人即便能够掌握再多的知识和经验，其也是有限的。因此，科技创新人才要想进行科技创新，就必须不断吸取和借鉴各类知识，包括前人的知识以及他人的知识。因此，对于科技创新来说，就必须要形成开放的环境，促进科技创新人才之间在知识、信息等方面进行交流，实现相互间的启发。此外，对于科技创新活动来说，良好的环境还应该是宽容的和有保障的。这是因为，科技创新作为一项高风险的活动，存在着失败的可能，一旦失败，就会对科技创新主体造成较大的损失。因此，在社会上应形成宽松的环境，一旦科技创新活动失败，也不会受到过多的苛责。同时，社会还应为科技创新主体提供相应的保障措施，即便其遭遇失败，也能够获得一定的补偿，从而解决科技创新主体进行科技创新活动的后顾之忧。

（二）激发作用

科技创新人才的创造性是需要通过激发得到展现的，而环境则对创造性的激发具有重要的作用。从心理学的角度来说，个人的心理和情绪会随着环境的变化而变化。当环境有利于个人产生兴奋的情绪时，他的思维也会变得活跃起来，从而较为顺畅地开展科技创新活动。科技创新是对未知领域的探索，科技创新的灵感往往是突发产生的。因此，在积极的环境条件下，科技创新人才易于通过活跃的思维获得灵感，突破瓶颈，取得科技创新活动的成功。此外，科技创新人才所处的团队环境也是影响科技创新活动成功的重要环境因素，也即要形成和谐的团队关系。

（三）同化作用

环境对人的影响通常是潜移默化的，环境通过这种潜移默化的影响，能够将人们的无意识转变为有意识再转变为下意识，也就是通过持续的、隐性的影响，培养人的习惯。一旦形成了习惯，行为就会变得自然，甚至发展成为人们的兴趣。人们对于感兴趣的行为，往往会花费大量的时间和精力。环境通过其特有的魅力，实现对人的同化。例如，当个体处于某一群体时，在心理上就会向整个群体靠拢，并最终实现同化。环境会对个体带来一种无形的压力，以迫使其改变与周围环境不同的心理和行为。对于行为的态度，即接受、否定、赞扬等，都会通过习惯表现出来。从这一点上来说，环境能够起到规范人的思想和行为的作用，且这种规范具有一定的强制性特点。

三、企业环境促进科技创新人才的途径

（一）尊重人才理念

要在企业内部致力于营造尊重人才、关爱人才的良好环境，坚持"尊重劳动、尊重知识、尊重人才、尊重创造"的重大方针，让企业的各类人才受

尊敬、有地位、得实惠，并通过人才引领，形成"人人有事干、事事有人干、人人能成才"良好局面。要树立起创业、创新的新颖观念和意识，进一步增强人才不断超越自我、奋起追赶的责任感和紧迫感。人才竞争的背后实质上是人才环境的竞争，环境越好，人才就越能集聚，人才创新的效率也会越高。要营造宽容失误、鼓励创新的工作环境，宽松和谐、舒适宜居的生活环境，为各类人才脱颖而出提供基础条件，让人才各得其所、用当其时、才尽其用，为推动企业发展服务。

随着企业管理理论的不断发展，西方国家对企业管理的重点，已经从物转移到了人上。在知识经济下，创新被认为是其最重要的核心。在经济的发展上，人的知识能力和创新能力，也将发挥更大的主导作用。在工业经济时代，企业管理主要以对材料、产品、销售的管理为主，而在知识经济时代，企业管理则以知识、人才、信息为主，科技创新人才已成为经济发展和企业竞争的重要因素，而环境是否有利于科技创新人才的发展，则成为其中的关键。

当前，我国的多数企业在人才理念上与发达国家尚有较大差距，在对待人才的认识上存在以下几方面问题。第一，一是关系重于才气。不少企业的老总十分"讲究实际"，认为一个有过硬关系和背景的人对企业的帮助和作用会远远大于一个有才华的人。这是目前某些不正之气所造成的恶劣后果。第二，新的"读书无用论"抬头。有不少企业过于注重短期效果，认为只要能干得了企业的活就足够了，理论知识再多也没用。这是由目前教育体制缺陷所致的。第三，功利色彩严重。一些企业只考虑为己所用，不考虑对方感受。引进时只重名头，进入后不知何用，最后又弃之不用。浪费钱财，更是浪费人才。

"人才是实现民族振兴、赢得国际竞争主动的战略资源。"党的十九大报告将人才工作摆在党和国家工作的重要位置，赋予人才工作更加重大的意义和更加重要的任务。新形势下，通过更加积极、更加开放、更加有效的人才政策实现聚天下英才而用之，加快建设人才强国，需要在树立新理念、形成新机制上下大功夫。我们的企业应当更加清醒地认识这一点，要努力树立尊才、爱才的新理念，树立人才强企的新思想，要求转变观念。改变重物轻人的传统做法，尤其是企业家和高级主管更要更新观念。人才是宝贵财富，是第一资源。要实践科学发展观，就应当先树立科学的人才观。这就要求企业充分认识到人才对企业发展的重要性，加强科技创新人才队伍的建设。对于企业的管理人员来说，首先要在理念上重视人才，尊重人才，在进行生产建设的同时，兼顾科技创新人才队伍建设。在建设科技创新人才队伍的过程中，必须要尊重科技创新人才成长的客观规律，为科技创新人才的成长营造良好的环境，加强激励机制和保障机制的建设，为科技创新人才的科技创新实践提供激励和保障，在实践中促进科技创新人才的成长，在促进科技创新人才成长的同时带来企业的发展。

（二）企业文化建设

企业文化主要是为了解决企业在生存发展过程中遇到的各种问题而建立起来的，它是企业内的成员所共同认同和遵守的信念和认知。企业文化体现着企业经营管理的核心理念，并影响着企业经营管理的行为。企业文化能够激发全体员工的使命感、凝聚员工的归属感、增强员工的责任感、赋予员工的荣誉感、体现员工的成就感。企业文化对企业的长远发展起着至关重要的作用，而以人为本，以才为重的企业文化将对企业的科技人才创新产生极其重要的作用。

美国的许多知名企业，如微软公司、波音公司等，在企业用人文化上具有特色，形成了良好的文化氛围，吸引了全世界优秀的人才，而这些人才通过各种创新活动不断为企业创造新的知识产权。据统计，近年来全世界所申请的专利，美国企业所占的比例达到 50%，而诺贝尔奖的获奖者有 60% 以上都是美国科学家。相较而言我国在这一方面还有一定的差距，这也说明我们的文化环境，特别是科技第一线的企业文化还跟不上时代步伐，缺少吸引和造就世界一流人才的能力。

目前在我国的多数企业，尤其是民营中小企业，还不能把"以人为本，以才为重"的理念真正落实在行动上，企业管理模式还比较急功近利，文化氛围对尊才、引才、用才还不十分有利。不少企业界崇官意识较浓厚，宁愿拿钱巴结官员，却不愿意把这些资源更多地用在人才工作上。要提高企业人才的创新力就必须找到问题的所在，采取针对性的措施。

第一，要在环境上建设以人为本的环境。当前，我们为了获得经济上的快速发展，将关注的重点放在了 GDP 等指标上，在一定程度上对人的生存环境有所忽略。对于人们来说，除了物质条件之外，还需要一个良好的精神环境。这就要求，在环境的建设上，必须做到以人为本。因此，从这一点上来说，企业必须改变制度中与以人为本原则相违背的内容，不断改善企业的工作环境，加强对员工的关注和爱护，建立良好的沟通渠道、适度的竞争机制、合理的休假制度，使员工的意见能够得到及时地反馈，保持适度的工作压力，为员工创造健康、快乐的工作环境，形成和谐的人际关系，使工作成为员工快乐和价值实现的来源。

第二，要加强民主制度建设。这也就是说，要为员工创造一个公平的竞争环境，使员工的各项基本权益都能够得到有效的保障，还可以将一些优秀的人才纳入管理活动，给予他们管理企业相关事务的机会，从而实现权力的制衡。目前，在我国部分企业中还存在着滥用权力的状况，有的领导者因为自己手中的权力，便不尊重科技创新人才，使他们的成长受到了极大的限制，身心健康也受到了一定的影响。权力的滥用也导致了任人唯亲、贪污受贿等问题的存在，对自由、平等的环境造成了极大的破坏，严重挫伤了科技创新人才的积极性。

第三，要对创新人才的管理机制进行完善，包括在科技创新人才的人力资源管理、科技创新成果的保护、科技创新风险防范等方面进行措施的完善和创新。通过制度建设，在企业中形成尊重知识、尊重人才、尊重创造的观念，为科技创新人才开展科技创新活动提供充分的保障，在企业内营造有利于科技创新的开放、宽容的企业文化氛围，为科技创新人才的科技创新活动提供积极的环境。

第四，要根据人才的特点，对其进行区别对待，也就是要量才使用。每个人才都有其各自的特点，针对这些特点对其进行区别对待，有利于个体人才充分发挥自身的潜力。同时，这样做也在一定程度上体现了公平、公正。量才使用能够使人才从事最适合其自身特点的工作，从而实现人类资源安排的合理化和效率的最大化。对于人才个人来说，也能够在合适的工作中，获得更高的满意度，充分发挥自身的才能。

第五，要优先从内部进行人才的选拔。企业在选拔内部人才时，可对其他企业在内部人才选拔上的先进经验进行借鉴，如设置不同的职级，根据人才的学历、技能、工作表现等为其分配相应的职级，对于表现优异者，给予其晋升的机会。这样的措施，能够有效地避免企业内部的人才流失。

第六，要在内部建立相应的奖惩机制。将科技创新作为奖惩的重要内容，从而激励科技人才积极开展科技创新活动，充分发挥他们的创新能力，为企业的发展做出贡献。对科技创新的奖励，不仅能够使科技创新人才获得收益和荣誉上的奖励，还能够在企业中形成尊重人才、尊重科技创新的文化氛围，促进企业创新的广泛开展。

（三）创新人才队伍建设

要提高企业人才的创新力，构建人才团队很重要。一个企业有着十分繁杂的工作任务，需要许多人共同合作才能完成。我们知道，每个人的能力都是有限的，无论是多么高端的人才，如果没有别人帮助、配合也不可做成大事业。现代管理学告诉我们，分工协作出效率，两个人的合作往往能够产生"1+1＞2"的效用。因此，要让人才在企业里真正做出成就就应当组建合理的团队，让人才在相互协作、配合、支持的环境中发挥更高、更大的作用。

所谓人才团队是把各种人才按照工作目标任务的要求及各岗位的职责要求，组成由若干人才集合而成的、各司其职、分工合作的工作组织。管理学家韦尔奇曾经用运动团队对人才团队进行解释。他的观点主要有三个方面的内容：第一，团队中的成员必须经过精心的选拔，并对其进行组合；第二，团队中的每个成员都具有独特的职责；第三，领导需要有针对性地对每个成员进行区别对待。从这个意义上来说，整个团队的业绩首先来源于每个成员的业绩，每个团队成员都应当优秀，只有每个成员都十分努力做出成绩，才能有团队的业绩。同时，团队成员之间应当有明确分工，各有各的职责任务，在各自完成自己的任务，并经过有机组合之后，才能完成团队的目标任务。团队成员之间既有分工，又有协作和联系。团队领导在协作和联系中起到指挥和协调作用，而其指令又根据成员个体的不同而有所区别。

由上述分析可见，在一个企业中，要充分发挥人才的作用，团队力量十分重要。因此，企业的科技人才必须树立牢固的团队精神。何为团队精神？简言之就是与人合作的意识和能力。著名心理学家荣格曾经列出一个公式：I+We=Full I（完善的自我）。其所表达的意思是，个人只有融入集体，才能够使自身的价值得到最大程度的发挥。个体在融入集体的过程中，还要积极发现其他成员的优点，这也是形成良好的团队精神的重要基础。世界上不存在完美的人，每个人都拥有优点与不足，但是在集体中，成员们通过相互的合作，就能够充分发挥各自的优点，弥补自己的不足，构建完美的集体。培根有一句名言——团结就是力量。团队是提升企业创新力的重要保障。企业拥有一支卓越的团队，就等于拥有了成功。

团队合作需要具备四大要素：共同目标、互相依靠、责任性和归属感。首先，大家有着一个共同的目标，即团队的目标，大家才能聚集到一起。其次，大家在工作中可能相互帮助，相互依靠。每一位成员都能对别人有所帮助，同时也能从其他人那里得到帮助。再次，每位成员有责任感，能够认真履行各自的岗位职责，这是完成团队目标任务的基础。最后，要有归属感，每位成员在团队中感到和谐温暖，有家的感觉，能够荣辱与共。

微软公司对团队精神的理解值得我们学习和借鉴。他们对团队精神的理解主要包括以下几点。

①当团队中的所有个体为了共同的目标而努力时，将会取得远高于个人的创造力。

②创造力来自个人的心理，情感对创造力具有积极的作用，而技术则对创造力具有一定的限制作用。

③当团队中的每个人全心全意为团队贡献创造力时，就会形成比个体简单相加更大的力量，而整个团队的创造是个体间的互动，因此，也将形成更为复杂的人际关系。

④团队是一个复杂的环境，会面临各种各样的情况，而作为领导者，必须要对团队中的各种人际关系进行协调。

⑤在团队中要形成有效的沟通和互动，这有利于团队成员发挥出更大的潜力。团队成员间的互斥只能导致效率的降低。

⑥必须重视团队精神，一旦忽视团队精神，便只能取得平庸的成果。

团队精神很重要，但团队精神的形成也非易事。尤其是对于科技人才来说，做到这一点更困难。由于科技人才都有一技之长，容易产生自命不凡的情绪，这就会给团结合作带来障碍。如何培养科技人才的团队精神？心理学家史密斯在《团队智慧》中提出了培养团队精神的一些经验，具体如下。

①充分认识合作的重要性。不要觉得自己能力很强，能够独立解决所有问题。自认为能做好，不问他人，结果会走很多弯路；而咨询他人，寻求帮助能更容易解决问题，效率和质量会大大提高。这一理念要经常向科技人才灌输。

②每个人只能做整个项目的一点点，或一小部分，但又是重要的一点，不可缺少的一点。但这一点工作要体现价值，你必须要与同事开展合作、密切配合，使你的工作在整个项目中成为重要的一环。这样，团队意识慢慢地就会被培养起来了。

③创造机会让大家开展互相交流，主动说出自己的意见和看法。这不会让人觉得难堪，反而会更快让大家都融入团队，让合作变得更顺利。

④倡导团结协作的精神，给予团队协作以鼓励和引导，培养团结协作的习惯，营造合作的氛围，提供相互合作的条件，使团队合作成为科技人才的工作习惯。

⑤建立团队协作辅助机制，协调解决团队合作中出现的矛盾和问题，与科技人才相互之间的合作更加顺畅和愉快。

（四）投入支持

加强科技人才工作的配套资金投入是发挥科技人才作用、增强企业创新力的重要保障，企业应当在这方面舍得花大力气、大本钱。在一些发达国家，科技进步对经济增长的贡献率提高到50%以上，一些国际知名企业，特别是世界 500 强企业，目前科技进步贡献率已普遍达到 60%～80%，研发占销售收入的比重在 5% 以上。而在我国则远远低于这个水平，多数企业仍以劳动密集型产业为主，企业规模拓展主要依靠劳动力和资源消耗，科技进步对经济增长的贡献水平普遍较低。不少企业缺乏远见，不舍得为科技人才提供更好、更完善的工作配套，致使科技人才的作用不能有效发挥，创新力大受影响。这也是我国目前随着经济快速发展，产业规模不断壮大，而资源环境压力不断加大的重要原因。要提高我国企业在国际上的竞争力，提高自主创新力，必须加大研发经费投入。就企业来说，应当不断加强科技人才的工作配套投入，不断改善工作条件，更好地发挥他们的作用。

根据技术性标志统计显示，当企业的研发强度（研发投入占销售收入比例）不超过 1% 时，技术研发处于使用技术阶段；研发强度在 1%～2% 之间时，技术研发则处于改进技术阶段；而在研发强度超过 2% 时，技术研发才处于技术创新阶段；而当研发强度超过 5% 时，技术创新才进入暴发性发展的阶段。没有一定量的资金投入，就不会有明显的创新成果产出，只有当投入达到一定规模水平时，科技创新的能力水平才能大大提升，创新成果才能大量涌现。大量的研究成果表明，我国企业的技术研发大多不超过 1%，尚处于改进技术阶段。这说明我国企业科技投入体系尚未成熟，许多重大科研项目仍由政府组织实施，企业还没有成为技术创新的主体。但在发达国家，研发经费分配和人员配置都是以企业为主体，投入强度普遍在 3% 以上，并且研发成果转化率较高，一般在 60%～70%，高的在 80% 以上，这是发达国家企业总能在技术创新上走在世界前列的重要原因。

要加强企业的研发投入，改善企业科技人才的工作配套，增强企业的创新力，就应当确立企业在研发活动中的主体地位，就必须深化体制改革，建立起稳定、可持续的投入机制。

第一，要进一步落实企业科技投入的优惠及奖励政策。要转变政府作风，加强对企业的科技活动支持，加大科技政策宣传和企业享受优惠政策落实力度，缩短退税流程，使企业及时得到实惠，激发企业加强科技投入和引进研发人员的积极性和主动性。科技等相关部门要以项目单位提供的经济普查统计报表（研发资源调查统计报表）中有无研发活动为重要依据落实有关项目和政策。每年政府财政应拨出一定额度的款项用以支持企业的各项科技活动。

第二，要着力培育大型科技领头企业，形成大型企业或企业集团带动效应。企业科技投入的大小与企业的规模有着密切的关系，企业只有实力增强了，才能拿出更多的资金投入科技开发，企业研发失败的风险承受力也随之增强，为此，我们必须加强调查研究，认真选好企业和项目，在政策上、资金上、人才上给予全力支持，培养出龙头、骨干企业，提高我国整体企业的核心竞争力。

第三，要加强金融对企业科技研发投入的支持。首先，要设立科技信贷引导基金，可以通过科技创新相关的金融机构，为那些处于成长期的中小型科技企业提供有效的资金支持。其次，要设立科技创新的风险补偿基金，由相关的担保公司、贷款公司等，对中小型科技企业在科技创新活动和成果转化的过程中出现的损失，按照一定的比例给予补偿。再次，要设立科技创新贷款贴息资金，对中小型科技企业的科技创新活动贷款提供一定的贴息补助。最后，要建立多渠道的投入机制，引导社会资金和金融资金进入，建立各种基金支持企业科技创新，促进企业科技创新的成果转化和产业化。

第七章　创新驱动发展战略视角下科技创新人才开发模式及战略构建

随着社会主义市场经济体制的建立和不断完善，以及科技的飞速发展，传统专才培养模式的弱点逐渐暴露出来。传统专才培养模式培养出来的人才，其适应能力差、心理抗压力弱、创新能力低等现象，已引起全社会的广泛关注。许多学者研究高等教育的质量危机时，对传统人才培养模式的弊端进行了分析与反思，并提出创新人才培养模式是培养创新人才核心的主要思想。本章主要讲述创新驱动发展战略视角下科技创新人才开发模式及战略构建。

第一节　创新驱动发展战略视角下科技创新人才的特点及成长要素

一、科技创新人才的特点

①洞察与想象力。科技创新人才对周围环境要有较强的感知力，拥有长于他人的觉察力，只有这样才能发现他人未曾发觉的，感受他人未曾感受到的。科技创新人才只有善于幻想，敢于幻想，才能创造出不一样的事物，才能创造出新事物。

②主动与创造性。科技创新人才对其所从事的研究要有浓厚的兴趣，拥有主动积极的求知欲，以及强烈的好奇心，才会具有积极进取的心理。除此之外，科技创新人才还应具有独出心裁的见解和与众不同的方法，在固有物质的基础上进行不断的创新。

③较强的自主意识。由于科技创新人才掌握着特殊技能，他们往往更倾向于一个自主的工作环境，不仅不愿意受制于物甚至无法忍受上司的遥控指挥，而更强调工作的自我引导。

④善于质疑与缜密性。在学习与研究中，科技创新人才要持有自己的想法，敢于冲破旧的传统观念，不时对事物提出疑问，再进行探究，最终得到一个良好的结果。思维要具有缜密性，使其环环相扣，以达到完美结果。

⑤思想性与自信心。科技创新人才要热爱思考，具有举一反三的能力，能想出许多点子，提出异想天开的发问，并进行研究，最终取得异常成就。

⑥流动意愿强。由于科技创新人才掌握着一定的技术，他们追求的是自身的发展，由于科技是需要长时间研究的，因此在发展的同时，科技创新人才还会对相关待遇进行考虑，当这些人才发现当下环境已经不再适合自己发展，或发现待遇不是很适合时，他们便会自谋出路。

⑦独立的价值观。与一般的人才相比，科技创新人才心目中有非常明确的奋斗目标，他们努力工作是为了使自己的才能得到更好的发挥，能够实现自身的价值。

二、科技创新人才成长要素

（一）对科技创新人才成长的影响因素

人才的成长过程，从萌芽状态直到成才状态，期间会受到各种因素的制约和影响，科技创新人才的成长也不例外，影响其成长的要素主要有两个：外部环境和内在条件。

1. 外部环境

（1）区域环境

区域环境包括区域经济发展水平和科学技术水平等。众所周知，区域的经济发展水平与科技创新人才创新活动中的物质基础是成正比的，也就是说，区域经济水平发展越高，科技创新人才在从事创新活动中被提供的物质基础就越丰富，这种良性循环是有利于人才成长的。美国何以聚集大量科技创新人才是有一定原因的，它是有强大的经济物质基础做保证的，而技术创新和科技进步又提升了该地区的竞争力和可持续发展能力，从而形成经济发展的良性循环。我国东部沿海发达地区相对于较为落后的中西部地区来讲，更能吸引科技创新人才，也更能激励他们的科技创新活动。美国的硅谷，我国北京的中关村等地，具有一流的高等院校和研发机构，有技术创新的源泉，也有科技成果转化的中介和技术应用的主体。这些地区聚集了大量的科技创新人才，他们从事创新和创业活动，既带动了该地区的科研能力，也促进了该地区的经济发展。

（2）政府科技投入和政策支持

科技的投入是科技创新人才成长中强有力的后盾，是科技创新人才成长的物质基础，是科技创新人才动力源泉所在，政府正是意识到了这一点，因此，在科技投入方面进行了导向作用和政策支持，并积极鼓励企业和其他相关组织增加对研发特别是基础研究的投入以促进科技的进步。基础研究的投入大、周期长、风险大，企业和私营机构一般不愿意从事基础研究，但是基础研究的水平是地区和国家科技创新活动的基础和平台，是政府对科技投入的主要对象。政府的政策支持，特别是鼓励企业加大研发投入的政策，也是一个关键。政府从财税政策方面给予企业在研发费用方面的优惠，能促进企业增加对研发的投入，也更能促进科技创新人才的成长和发展。

（3）工作环境

鼓励创新、宽容失败的氛围和人才激励机制，能激发员工的创新热情，有利于创新人才的脱颖而出。

（4）政治环境

政治环境的稳定对于科技创新人才是至关重要的，在动荡不安的局势下，科技创新人才是没有办法进行安心研究的。另外，科技创新人才的成长与普通人一样，首先需要基本的物质生活保障，如果连最基本的温饱问题都解决不了，何以谈科技创新发展。美国今天处于世界科技领先地位，并拥有大量世界级的科技创新人才与他们长期稳定的国内政治局面有密切关系。

（5）机遇

不是每一个具有良好素质的科技人员都能成为创新人才，但并不是每一个具有良好素质的科技人员都拥有机遇，机遇也就是实践的机会，是科技创新人才进行才能发挥的根本途径，也是科技创新人才成长的重要因素。

2. 内在条件

遗传是人的生理基础，任何能力的获得都离不开其先天的遗传基础。科技创新人才的能力作为一种高度个性化的、不可复制的特殊人力资源同样有着自身特有的一些遗传特征。科技创新人才的理想神经活动类型特征应该是：神经系统兴奋与抑制过程的强度强而集中，平衡性好，灵活性高；皮质细胞工作能力强，能承受强刺激，个体自控能力强，应变能力和适应新环境能力强，具有优越的天赋素质和才能基础；思维反应敏捷，富于想象，具有较好的创造才能；观察力、记忆力强，接受能力、理解能力强，学习和掌握知识、技能的速度快；好胜、自信喜欢快节奏的工作方式。

科技创新是一项艰苦的工作，科技创新人才不但要精通专业知识，而且还要有扎实的理论知识基础和相关领域的知识。任何一项科技创新活动都需要涉及多个领域的知识和多种技能特别是进入以经济科技化、信息化为特征的 21 世纪，科技创新人才更应具有广博的知识面和不断学习的进取精神，才能跟得上时代前进的步伐。另外，良好的学习方法和工作习惯也是科技创新人才成长的一个重要因素。

（二）科技创新人才成长要素构成

总结影响科技创新人才成长的因素，我们认为科技创新人才成长规律由四个基本要素构成。

1. 成才主体

这里的成才主体是动态的。它是在成才过程中反映出的相应人才发展阶段，即人才的能级状态。

2. 客体

①主体与客体是相互联系的。客体是主体活动指向的对象，也是成果的载体。成才主体的活动是为了改变外在客体（创新，诸如知识创新、技术创新等）。要想体现某种成果获成功，就要将这些客体进行改变创新。没有客体，主体的活动就得不到呈现，就是空的，当然其成果也是虚的。

②对于成才主体来说，一定的活动、客体、成果综合体现了成才过程是高级人才的前提条件。

③对于成功过程来说，一定水平的主体、客体、活动的综合作用，形成了某种质量的成果和某种程度的成功。

这四个要素交互作用形成一个控制系统。主体、活动、客体、成果，这四个基本要素每个要素都是动态过程，但它们分属不同层次，两两相对。这四个要素及其过程的相互作用、控制反馈就构成了成才的基本模式，即处于一定能级状态的成才主体通过其创新活动作用于客体而产生出创新成果，已获得的成果又反馈于成才主体，促成主体能级的跃迁，同时满足市场需要，获得社会承认。

3. 成功及其标志成果

能否成为科技创新人才，必须通过主体的创新活动及其科技成果表现出来。成果既是主体创新活动的结果，又是人才能级状态的标志。成才过程就是不断取得成果的成功过程。成功及其成果表现为各个方面，但在知识经济中，成功与否、成果大小主要取决于创新，最终体现在物质成果和经济效益上。

所以，对于成才来说，成果不是外在的，而是必备的内在要素，是一定能级人才的唯一标志。

4. 主体的创新活动

①对成才主体而言，活动是外在的。只有通过自身的创新活动才能体现自己的素质水平，以及自己的人才能级，也才能被人们所发现。

②对于成果而言，它正是活动的结果。"活动是因，成功是果"。

只会纸上谈兵不能成为真正的成才者，因此立志成才者应是大实践家，而绝非沉思者、空想家。成才活动同样是一个过程。随着人才能级状态的提升，主体活动的范围、对象、手段、方法、水平也跟着改变。

第二节 创新驱动发展战略视角下科技创新人才开发的模式

一、我国创新型科技人才队伍建设工作取得的成效

（一）实施国家科技计划，在创新实践中培养创新人才

在国家科技计划的组织实施过程中，按照国家整合的新五类计划，不断完善我国科技人才培养和创新团队建设，最终取得了显著成效。具体成效如表 7-1 所示。

表 7-1 我国科技人才培养的具体成效

培育类型	成效
科技前沿人才	①"十五"期间数十位"973""863"领域科技骨干当选为中国科学院和中国工程院院士； ②2019 年以来，围绕推动重大专项实施，吸引了大批国内优秀人才，凝聚了我国高水平优秀团队，涌现出大量科研团队前沿人物
综合性团队	国家"973""863"计划强调研究团队的强强联合、优势互补，强调不同部门团队之间的有机结合；"863"计划新材料领域已在 11 家单位开展了"高技术创新团队"试点工作，力争经过几年甚至十几年的不懈努力，占领新材料领域的战略制高点
海外科技人才	在参与国家"973"项目的海外归国人员中，就有一批国际知名的华裔科学家；在承担国家重大专项的项目负责人数中，三分之一有海外工作学习的经历
青年科技人才	"973"计划项目中的近三万人中，青年人才 45 岁以下的占 78%。这些优秀中青年人才通过承担"973"计划项目，逐渐成长为各自领域的学术带头人

（二）构建产业技术创新战略联盟，引导科技人才向企业集聚

1. 开展对外合作办学

"中外合作办学"是我国充分利用外部资源、促进教育改革发展的一大体制创新。自 2010 年以来，我国引进了一批世界一流大学，批准设立了上海纽约大学、昆山杜克大学等四所独立设置的大学，批准设立了中山大学中法核工程与技术学院、中国科学院大学中丹学院、天津朱利安音乐学院等一批高起点、示范性的中外合作二级学院。2013 年《教育部关于进一步加强高等学校中外合作办学质量保障工作的意见》（教外办学〔2013〕91 号）提出"高

标准、严要求"的审批措施，截至 2015 年，教育部累计批准了本科及以上层次 637 个中外合作办学项目，其中 2013—2015 年占 412 个，高质量中外合作办学资源持续增多。同时，海外办学迈出实质性步伐，已有 4 所机构、98 个项目在境外落地。合作办学机构满足了高等教育多样化的要求，引进了国际优质教育资源，促进了我国的教育管理体制改革、现代大学制度建设。"出国留学"是我国人才培养的重要途径。

教育部会同外交部和财政部先后印发了《关于进一步做好在外留学人员工作的意见》和《出国留学经费管理办法》（财教〔2013〕411 号），拓展了"公派出国留学"的新项目。自 2010 年起，加大对自费优秀留学生的奖励资助力度，完善"国家优秀自费留学生奖学金"评审制度，逐步增加奖学金的资助类别、提高资助额度。日臻完善的政策支持体系，促进我国出国留学人员的持续增长，同时也吸引大批留学生学成回国。

2. 聘请外国专家

国家外国专家局聚焦国家重大战略需求，以"高精尖缺"为导向，突出高端引领，完善体制机制营造良好氛围，聚集一批国际优秀人才，形成外国专家研究团队，为形成高校人才队伍在国家整体人才战略中的突出地位做出积极贡献。

（三）建设高新技术产业开发区凝聚创新创业人才

2015 年国家高新区数量已经达到 147 家，成为全国创新资源最密集、创新活动最活跃、创新强度最大、创新成果最丰硕的区域，也是高层次人才集聚的创新高地。国家高新区良好的创新环境和完善的服务平台有效地激励和吸引创新人才不断向国家高新区汇聚，使国家高新区成为创新创业活动持续生长的沃土。

截至 2018 年年底，国家高新区企业年末从业人数达 17465 万，其中从事科技活动的人员为 3185 万人，占全部从业人员总数 18.2%。按学历和职称划分，2015 年 147 家国家高新区具有大专以上学历和中高级职称的从业人员分别为 924.2 万人和 194.2 万人。企业研发人员数量和规模体现了国家高新区整体的研发水平和技术创新能力。2015 年，国家新区从业人员中，企业研发研究人员为 1819 万人，研发人员全时当量为 1169 万人年，近年来，国家高新区良好的创新创业环境和有力的招财引智政策，吸引了越来越多的学成归国人员和外籍常驻人员，人才国际化程度不断提高。超过 90% 的国家高新区建立了灵活的引进人才政策，近 80% 的国家高新区结合园区自身产业特点和发展方向建立了标志性专项人才计划。2015 年，147 家高新区留学归国人员为 116 万人，外籍常驻人员为 639 万人。

二、我国科技创新人才面临的严峻挑战

（一）高层次人才短缺

我国大部分科技高端人才都集中分布在研究院以及高校之中。对于企业中的高端人才来讲还是相对欠缺的，企业中的大量科技人才专业素质以及研发能力还是较为薄弱的，这就导致了企业人才队伍结构缺陷问题的出现，从而抑制了我国企业的自主创新能力，同时也对科技创新人才的成长造成了一定的影响。若所学的知识得不到进一步研究发展与创新，就很难在世界科学家国际性比赛中拿到良好成绩，我国至今在本土没有诺贝尔奖获得者。即便是奖项名额之多，获奖人数之多，然而在众多获奖名单中，竟没有一个中国籍公民。令人惊讶的是，杨振宁、李政道、丁肇中等美籍华人却在别国的土地上获此荣誉。对此现象我们应进行详细研究，是何致使中国人在外国环境下才显示出他们的创新才能，同时这也说明我国在创新型科技人才队伍建设中存在严重问题。

（二）人才制度与市场经济之间存在缺陷

1. 人才使用机制导向太过单一化

就目前而言，我国在选用人才过程中仍有被学历、资历等条件所限制的情况，这就使大量拥有实际能力的人才被忽略；而发达国家在进行人才筛选过程中，是不会单单去看所选人才的学历的，他们主要考虑所选人才的综合能力。由此可见，发达国家已经走出了"唯学历"的误区。在国外，有些高端人才招聘对于其学历要求在高中以上即可。

2. 人才评价机制与培养创新型人才的需要不相符

近年来关于学术论文的数量与日俱增，社会乃至国家对人才评价的重点基本都停留在学术技术水平以及论文成果数量上，对于人才实际操作能力的关注是少之又少。纸上谈兵没有任何实际意义，我们需要的不是说空话的人，而是真真切切能为国家各项研究做出实际成果的人，比如我国杂交水稻鼻祖袁隆平，他曾多次参评院士，但结果都不尽人意。

3. 人才流动机制不畅导致筛选人才过程受阻

市场配置人才资源的基础性作用没有得到充分发挥，致使人才流动机制不畅，阻碍了人才的筛选。目前我国符合人才市场价值规律的人才分配制度并不完善。以股权期权方式进行激励是国际上高新技术产业领域通行的做法，已被证明是最有效的激励方式，有些产业如芯片产业全员持股已成为国际惯

例，然而我国实行股权激励的高新技术企业很少，在工资总额的限制下，国有及国有控股高新技术企业的人才激励手段十分有限。

（三）科技人才队伍总体规模较小

我国的科技人才总量已居世界首位，这只是相对来说的一个宏观数据，实际在我国单位人口中，科技人员所占比重是比较小的。从我国经济社会快速发展的态势来看，我国科技创新型人口数量与全部人口的总比值，是明显低于发达国家的。

（四）产业研发仍然十分薄弱

企业对于科技创新是十分重要的，企业对于创新人才的发掘与培养也是至关重要的。它为我国科技创新项目以及科技创新人才提供了各方面有利条件。但我国人才主要集中在高校或科技研究院，分布在企业中的高端科技创新人才是少之又少的，企业并没有成为人才开发的主体。这种情况的出现，其根本原因归结为，我国是一个经历了漫长封建社会的国家，当时人们的价值观出现了一定偏差，做官成了一些人衡量人生价值的根本尺度，这种倾向必须改变。

根据形势判断分析后，我国相关部门受到启示，开始着手于企业人才主体地位的确立。根据相关数据来看，我国研究机构、高等院校和企业这三大部门的研发人员占全国的比重分别为19.6%、18.3%、60.9%，比之前企业科技创新人才的数量有所回升。但我国企业研发人才队伍仍处于发展的初级阶段，企业研发人员中的高层次研发人才严重匮乏，而且流失严重，我国企业特别是高技术产业的研发能力仍有待提高。

（五）高层次人才引进困难

高层次人才流失的情况一直是我国面临的一大难题之一。从20世纪80年代初至今，我国出国留学人员总数已过200万，而在这些人里，学成回国的人员总数寥寥无几。据相关调查统计，我国部分高新产品研究项目负责人员，大部分已经出国，其中硕士以上学历人才的流失，已超过总人数的一半。以最近的美国人口计算，美国300万华人在3亿的总人口中只占1%，其中有6个诺贝尔自然科学奖得主，在代表美国高科技产业的硅谷有7000多家公司，其中有近3000家由华人和印度人主持，在美国著名的高校中，自然科学系科的主任也有近1/3为华人，全美12万名著名科学家中华裔占3万，华人留学生人数在赴美各国留学生中排名第一。在美国的技术移民中，华人增长的速度最快、人数最多。

三、加快建设我国创新科技人才队伍途径

（一）营造良好创新人文环境

创造良好的创新环境是需要政府及全社会的共同参与的。各级党委政府要坚持以人为本，积极调整完善有关科技人才的若干政策，特别是要在人才的培养与使用、自主知识产权保护、人才风险防范和人才资源保护的政策方面取得新的突破，并进一步加强政策的执行力；各级人大、政协要对有关科技的法律法规、重要科技政策的执行情况，开展有效的法律监督和民主监督，为科技创新人才队伍快速、健康发展创造良好的政策制度环境。全社会要进一步贯彻落实"四个尊重"的方针，大力营造鼓励创新、尊重创新、保护创新的良好社会氛围，使提高创新能力、建设创新型国家成为全国上下共同的信心和决心。科技界要与时俱进地创新符合时代要求的科学精神和科学道德，增强民族自信心和自豪感，培育创新探索、追求真理、鼓励竞争、崇尚合作、宽容失败、淡泊名利的良好创新文化风尚，使我国杰出的科技创新人才不断涌现，使我国的科技创新人才队伍始终充满蓬勃的生机和旺盛的创造活力。

（二）支持企业成为技术创新和吸纳科技人才的主体

衡量技术创新是否成功的关键所在，是看技术创新的产物是否变成了可以创造利润的产品。企业中的技术人员可以更准确地了解市场需要的产品和技术，并更准确地了解哪些产品和技术可以产生利润。对于发达国家来说，技术创新的主要成果主要由企业完成，和技术创新人才也主要聚集在企业。但是，就中国科技人才的分布而言，大量的人才聚集在远离市场的研究机构中，无法产生有效的技术创新。

总的来说，科技界内部与现实分离问题尚未得到根本解决。许多学术研究依然是为了某种资格、荣誉、待遇。造成这一问题的根本原因在于我国各种人才分布不均衡，以及政策导向偏差。它反映出企业作为技术创新和吸纳科技人才主体的配套政策体系不够健全，鼓励企业加大对人才开发和技术创新的投入仍然没有实质性上的效果。事实上，对于吸收了科技人才的国内公司，只有政府采取了明确的财税政策和政府采购制度，有目的地增加对企业开展技术创新和广泛吸纳科技人才的引导，才能使企业作为科技人才吸纳主体的作用得以真正意义上的实施，有效发挥市场在科技人才配置和技术创新实践中的基础性作用。

（三）不断壮大创新型科技人才队伍

1. 从国际人才竞争角度来看

发达国家在吸引人才方面是具有绝对优势的，这不仅为我们提供了可以学到的经验，与此同时，也增加了我国人才引进的难度系数。因此，要发展创新型科技人才，就必须坚持自力更生培养人才，同时，以多种方式进行相关人才引进，特别是针对海外高层次人才和我国经济社会发展需要的紧缺人才，目的是提高我国独立培养人才的能力。

2. 从国际经验角度来看

鼓励我国科技人才参与国际科技合作，广泛开展各领域交流，是将自主发展与积极引进相结合的有效途径。就目前而言，随着我国的综合科技产出水平和开放程度的不断扩大，有必要进一步支持我国科学家参与国际科学研究计划，支持与国际高水平研究机构和团队之间的实质性合作。

四、科技创新人才的发展趋势

（一）科技创新人才国际化

科技创新人才国际化主要包括以下三方面内容。

1. 科技创新人才构成国际化

科技创新活动不仅要吸纳本国的优秀人才，还要制定优惠的政策吸引海外的优秀科技创新人才加盟，促进科技创新能力的迅速提高。

2. 科技创新人才素质国际化

知识经济时代科技革命日新月异，知识的更新很快。科技创新人才要紧跟国际科技发展的趋势，掌握世界科技进步的脉搏，充分利用国际科技研究基础，来提升我国的科技创新平台，并按照相关准则进行科技创新人才培养体系的建立。

3. 科技创新人才活动空间国际化

科技创新人才要走出去，请进来，参与世界科技发展的前沿，掌握先进的科技理念。即使未来充分实现科技创新人才的国际化，创新人才的区域性也不会消失，其更不能阻挡创新型人才服务于自己所在的国家和地区。

正因如此，我们必须加大力度，培养面向世界、参与世界竞争的国际人才。扩大科技创新人才培养空间，培养创新人才，为促进人才交流与合作创造条件，具有十分重要的意义。这就要求在一定范围内实现市场化配置和科技创新人才资源的使用。为了在全球化的竞争中立于不败之地，我们就必须高度重视"国际"的培育，将不同地域的科技文化知识、技能进行良好结合。

（二）科技创新人才素质和知识的要求不断提高

20 世纪 80 年代，联合国教科文组织举办了 21 世纪人才质量国际研讨会。会上专家们提出 21 世纪人才必须具备三张通行证，即学术性、职业性、事业心和合作精神的通行证。创新是一个国家进步的灵魂。这是国家繁荣的不竭动力。"在知识化、信息化的社会里，将生产知识和信息的主体培养成创造性的未来人才极为重要。"

由此可知，未来的科技创新人才是全面发展的，其不但要有专业知识、有创新创业能力、有胆识和开拓思想，还应具备崇高的道德情操，拥有广阔的眼界和胸怀，有较强的爱国主义情操以及社会的责任感，是一个基于国际化全面发展的高素质人才。

科技创新人才没有较高的综合素质是万万不可的。综合素质包括政治、思想和道德品质、人道主义素质、心理素质和身体素质。随着我国新兴产业的到来，需要大量高素质的应用科技创新人才，这些人才应适应工作中的各种困难，保持工作的热情，以充沛的精神投入工作当中。未来应用性科技创新人才的规格比现在要高这是科技发展的必然趋势。

①将理论基础与实际操作相结合，可以运用专业知识独立进行生产中问题的解决。

②将基础理论知识进行深入学习与掌握。

③在实验、工艺、开发等方面具有很强的创新能力。这样的高素质和应用型人才，是未来产业开发的中坚，是高等教育科技创新人才培养目标模式的主流。

④不要把知识进行局限化，要在专业领域内进行多方面技能的培养。

（三）科技创新人才企业主体化

企业是市场经济的主体，也是科技创新人才成长的主体。世界发达国家研发经费来源和分配结构都是以企业为主。1996 年美国研发经费来源中 61.4% 来源于企业，34.6% 来源于政府，4% 来源于其他部门；研发分配经费执行 72.7% 到企业，9% 到研究机构，15.1% 到高等院校，3.2% 到其他部门。企业研发经费来源的快速增长，促进了本国经济的发展，增强了产品的国际竞争力。欧美国家的研发活动人员分布中，企业中的科学家和工程师均占 50% 以上。就目前来看，我国大部分科技创新高级专家分布于高等院校和科研院所，在企业工作的仅为 10% 以下。随着科研体制的改革，企业将加大对研发的投入并建立技术研发中心，今后一段时期内，企业将逐渐成为科技创新人才的主要载体。

（四）科技创新活动将越来越依靠研究团队

现代科学是分化与综合的完美结合体。它不仅需要非凡的大师，还需要科学研究群体。在针对一个科技创新项目研究的过程中，需要用发展的思维方式去进行，也就是说，依靠一个人的能力是远远不够的，需要多人进行相对研究讨论，最终落实到实施当中。促进科学创新人才的合作已成为提高科技创新整体能力的重要途径，加强团队建设至关重要。这种合作不仅可以实现不同研究人员优势的互补，还可以促进体现研究技能的隐性知识的扩散，与此同时，对学科交叉形成新思想和新领域的生长点也是有帮助的。因此，在科技创新活动中倡导协作意识和团队精神是非常重要的。

（五）科技创新人才将会加速向发达国家流动发展

随着经济全球化和信息全球化的到来，人才流动的马太效应将会日益凸显。世界各国都纷纷加大了对科技人才的培养和对科技人才的吸引措施。发达国家凭借雄厚的科技实力优厚的待遇，先进的创新机制，将会在这场人才争夺战中占据有利地位。科技创新人才向发达国家流动的速度会进一步加快。广大发展中国家，一方面迫切需要人才，另一方面本国人才大量向发达国家流动，人才短缺的现象进一步加剧。另外，西方跨国公司纷纷在全球建立研发中心，利用当地国的人才资源，加强其研发活动，如诺基亚、美国 GE 公司、西门子公司已在我国建立研发中心，微软公司更是在我国建立中国研究院，大批吸纳我国优秀科技创新人才为其服务。

第三节　创新驱动发展战略视角下科技创新人才开发的战略构建

一、我国科技创新人才战略的发展历程

我国目前的科技创新人才战略是随着改革开放的不断实践而逐步形成的，期间，从邓小平同志提出了相关号召——"尊重知识，尊重人才"，一直到当前中央领导提出的要实施"人才强国战略"，我国的科技创新人才战略经历了以下三个发展阶段。

第一阶段，根据邓小平同志讲话精神的指引，20 世纪 80 年代，我国的科技人才政策也开始遵循市场经济规律，鼓励科技人才的流动实施按劳分配，同时逐步提高人才待遇，鼓励人才和学生出国留学，建立博士后制度，并推动大学和科研院所的人员素质结构调整，提高科技人才队伍素质。这些

措施极大地调动了我国科技人才的工作热情，我国的科技事业出现了蓬勃向上的局面。

第二阶段，以邓小平同志的"南巡讲话"为开始标志。在"南巡讲话"中邓小平同志指出："发展才是硬道理，要抓住有利时机，集中精力把经济建设搞上去。发展经济必须依靠科技和教育科学技术是第一生产力。"这也标志着我国的科技创新人才战略也进入了以提高生产力为主要目标的新阶段。这一时期科技人才战略的具体政策主要表现在完善聘任制度、建立并完善人才市场化流动制度、培养青年学术带头人、扩大优秀青年科技人才队伍建立院士制度和加大科技成果奖励力度等方面。在前两个阶段，我国的科技人才战略属于跟随型人才战略模式，表现为经济较不发达、教育经费有限、经济基础相对薄弱，高素质人才短缺、人才外流严重、人才结构失调，科技人才战略由政府主导但政府出台的政策对人才的吸引力不足等。

第三阶段，以 2002 年国务院发布《2002—2005 年全国人才队伍建设规划纲要》为标志，我国的科技创新人才战略进入了第三个阶段。该阶段的一个显著标志是，我国经济发达地区的科技人才战略已经由跟随型进入赶超型。就目前而言，我国科技人才向经济发达地区集聚的态势已越来越明显。经济发达地区拥有的可以和发达国家相竞争的高科技行业越来越多，高素质科技人才从海外回流现象从偶尔出现发展为普遍现象。

中央制定的《2002—2005 年全国人才队伍建设规划纲要》所提出的人才强国战略确立了我国人才战略的基调。人才强国战略把人的工作与国家富强紧密联系在一起，体现了党和政府对人才的殷切期望。我国的科技人才除了实现个人价值之外还要承担起以科技创新带动国家经济腾飞、实现民族崛起的重任。这与我国民族文化中以天下为己任和学成当报效祖国的优秀思想是一脉相承的。

在全球一体化的大趋势下，单纯依靠本国人才培养是难以满足一国经济发展需要的。为了吸引更多的留学人员回国创业，尽快实现我国的人才战略由跟随型向赶超型跨越，我国政府进一步加大了科技创业型人才引进力度。近些年来，国家相继出台了许多关于人才引进和培养的鼓励政策，如"海外青年学者回归访问计划""跨世纪人才培养计划""国家杰出青年科学基金""百人计划""春晖计划""985 计划""长江学者奖励计划""长期引进人才的绿卡制度"等。这一系列重要决策，初步形成了覆盖面广、针对性强、相互配套的政策支持体系，加大了人才工作资金的投入力度，改善了人才工作的环境。目前归国留学人员已经超过 30 万人，在科教文卫以及经济建设当中发挥了重要的作用。

短短几年的时间，我国的经济发展迅猛，海外归来学子数量增多，与此同时，我国开始向科技创新型国家转变。我国的科技创新人才战略正处于从后续战略模式向赶超人才战略阶段过渡的时期，这是一个具有转折点的时期。拿我国现有几个发达城市来说（如京、沪、津、深），在 2006 年前已顺利进入赶超型人才战略阶段，随之而来的是更多的大城市已经开始进行扩展。

（一）国家科技创新人才队伍建设的主要目标

至 2020 年，我国科技人才发展的主要目标有以下几点。

①建设一支规模宏大的科技创新人才队伍，也就是需要扩招和培养更多科技创新人才。

②建设一支素质优良结构合理、富有活力的创新型科技人才队伍。科技人才并不仅仅是专业素质过硬的人才，其还要具备各方面的能力，其中人才自身所具备的道德品行的优良与否也是至关重要的。

③建设一支为实现我国进入创新型国家行列和全面建设小康社会的目标提供支撑的科技创新人才队伍。在之前，国内部分人才选择出国学习，在这部分人中，学成回国的是少之又少的。现如今，我们要培养有爱国意识的，可以为祖国做贡献的科技创新人才。

（二）国家科技创新人才队伍建设的总体思路和部署

1. 以培养和造就创新型科技人才为核心任务

科技创新人才是国家科技创新的根本动力，是国家科技创新的重中之重，为此，推进全国科技人才工作刻不容缓。以提高自主创新能力为主，以建设创新型国家为动机，努力造就一批世界水平的科学家、科技领军人才、工程师和高水平创新团队。以创新科技人才体制机制和政策措施为根本措施，建设宏大的创新型科技人才队伍，以便营造有利于科技人才发展的良好环境。

2. 实施海外高层次人才引进计划

海外高层次人才引进，也就是说要用良好的政策或良性手段，吸引战略科学家以及创新创业带头人回国，为我国科学技术发展服务。实施青年英才开发计划，为我国未来科技创新人才做准备工作。大力提升我国未来科技人才各方面的能力。

进行相关专业技术知识的更新，进而对相应人才进行新技术知识的培养。在国家重点发展领域培养高层次、急需紧缺和骨干专业科技人才。争取在 2020 年，全面完成各项任务，实现科技人才发展的战略目标。

二、我国科技创新人才战略选择

众所周知，随着社会经济的不断发展和科技研究的突飞猛进，我国绝大部分地区已开始面临赶超型人才战略后的各种挑战与机遇，这都是由经济结构发生巨变所造成的。

（一）聚集人才战略

人才是决定一个国家、地方、单位兴衰的重要因素。由此见得，社会经济发展的速度和质量越来越取决于人才的数量、质量以及结构。随着知识经济的到来以及日益激烈的市场竞争，我国对于人才的需求也是与日俱增的。就目前来看，我国是拥有一定的人才资源的，且这些人才一直在为我国各方面发展提供相应的支撑，这点很客观。但人才状况与社会经济的发展产生了一定的差距，从而引起了一些矛盾。在不断适应与不适应的过程中，我们得到了一个这样的结论——"明确人才战略既是经济社会发展战略的组成部分，又是经济社会发展的重要支撑"。要想更好地实施人才战略，就要放在经济社会发展的框架内组织，紧扣经济社会发展目标展开，并贯穿于实现目标的全过程中。要适应当时经济状况的大环境，要与时俱进；找准与经济社会发展的具体结合点，进行准确分析与研究，再选择与经济社会具体对应的突破口，将内容进行实践操作，使其成为现实的、可行的真实性内容。切实围绕发展，探究当今发展趋势，对在发展过程中的各方面情况进行及时调整与适应，有效促进发展，这也是有效制定和实施人才战略所必须经历的、遵循的基本思路。

（二）实施人力资本优先积累战略

相关人员对我国国内经济发展进行了一定的分析，在此之后意识到人才资源开发要大力推进人力资本优先积累战略，做好人力资源前期储备工作。加大对创新型科技人才资源开发的投入力度，防止在研究过程中出现人才短缺现象的发生。据相关研究，在一战以后，发展中国家曾经有过以下不同经济发展模式：

①以物力资本优先积累发展经济的模式；

②以人力资本优先积累发展经济的模式。

最终统计出来两种不同经济发展战略实施结果的人均GDP平均增长值。其中以物力的人均GDP平均增长值远远小于以人力的人均GDP平均增长值。事物是在不断发展进步的，物是固定不变的，人是在不断学习进步的，人可以创造出新事物，而物不可以自行创造，这就导致了两种方式差距的产生。

（三）实施人才管理差异化的战略

世上没有两片相同的叶子，由此见得，世上也没有两个完全相同的人，人与人之间是存在个别差异的，且大部分创新型科技人才具有较强的成就动机，对待事物的态度和看法都不太相同。他们具有主动积极的求知欲。与一般的人才相比，科技创新人才心目中有较为明确的目标与工作方向。由于科技创新人才掌握着特殊技能，他们往往更倾向于一个自主的工作环境，不仅不愿意受制于物甚至无法忍受上司的遥控指挥，而更强调工作的自我引导，不轻易盲从。他们敢于提出质疑和批判。为此，在人才资源开发过程中，要关注每一位科技创新人才的特点及差别，要把握创新人才成长的规律，针对不同人才的性格特点、兴趣爱好、专业特长等实施不同的开发方式，尽量避免出现一些不必要的矛盾。

（四）构筑创新型科技人才高地战略

人才资源高地的内涵主要体现在人才资源的规模大、层次高、结构合理集聚力强、效能高等方面，这是毋庸置疑的。

人才资源高地不是一个静态系统，它需要不断与外部进行交流来获取活力。加强周围人才的聚集力，是使人才高地得以不断壮大与发展的有力根基，真正的人才高地需要在动态过程中不断完善。我国人才资源开发战略实际是包含构建人才资源高地的。在此期间，还要加大推进我国人才高地建设的力度，使我国真正成为国际国内人才聚集中心、辐射中心。

1. 构筑技术人才研发"高地"

国家应加大科技研究与教育经费的投入，使技术人才有良好的学习氛围以及优越的学习实验设备，为技术人才多出、快出成果创造条件。

众所周知，R&D/GDP 是世界各国和国际组织评价科技实力或竞争力的首选核心指标，它是反映一个国家经济增长方式的重要指标。注意，这里所说的是经济增长方式，而非仅仅指代经济。经济增长方式有很多种，房地产、股票、商品进出口贸易以及科技发展方面等都算是经济增长的方式。

针对科技研究方面，由于研究经费投入的不足，导致我国不能创造较好的科研条件，从而影响其发展的脚步。我国政府已然认识到这个问题的严峻性，针对这个问题，我国早在 1995 年就明确提出"到 2000 年全社会 R&D/GDP 达到 1.5%"的科技发展量化指标。在此期间，我们以深圳市为例，进行一下观望，深圳市为吸引学有所成的留学人员到深圳创业，制定出了一些措施。从 2000 年起，市财政每年拨出 1000 万元、从科技三项经费中安排 2000 万元作为留学人员专项资助金。主动为我国科技人才进行助学金资助，对于回国从事科研工作的不分学位高低，只要研究课题经市科技部门认定属于高新技术项目的，就具有获得科研经费的待遇，该市通过在科研经费上的大量投入，吸引了诸多人才。

2. 构筑我国技术人才创业"高地"

随着我国自身人口的不断增多，以及外国学者和人才的大量流入，我国现有企业数量已不能承载众多就业人员，这就需要部分人才进行自主创业。自主创业有其一定的优势，在创业的过程中，创业者会更加努力对自己进行的项目加以深入研究。有利于将更多相关类别技术人员进行聚集。同时自主创业者拥有了社会乃至世界竞争的权利，可以促进其技术发展脚步更快。要想进行自主创业，就需要有一个创业"高地"，比如像美国的硅谷一样。

现代经济开放的环境与工业界密切结合的研究型大学，以及专业化配套的商业基础设施等，这些都属于技术人才创业高地的构筑优势所在。但在构筑技术人才创业高地的同时，还应进行政策上的扶持，只有这样才能吸引与留住国际高技术人才。

（五）实施国际化的人才发展战略、全球化的人才聚集战略

1. 双重国籍战略

加拿大现任总督当选时就具有法国和加拿大的双重国籍。有许多国家认为公民申请外国国籍并不伤害他人或祖国的任何正当利益，即不构成违法行为，因此，政府无权由此剥夺公民的本国国籍，除非公民"自愿且明确"。美国政府就规定放弃美国的国籍需要"志愿且意图明确"，想放弃美国国籍的需要到相关地方，签署一份放弃美国籍的誓词。也就是说，美国虽然没有将双重国籍进行公开承认，但公民取得其他国家的国籍或者宣誓为其他政府任职，也不会丧失美国国籍，也就是说，美国相当于默认了双重国籍。俄罗斯则只承认双重国籍的海外公民是俄罗斯人，但不因为他们加入外国籍而剥夺其俄罗斯国籍。或者说，不管美国人和俄罗斯人身在世界任何一个角落，甚至为了有所发展不惜加入外国籍，为外国政府工作，只要不伤害本国的正当利益，美国和俄罗斯政府就不会放弃他们，依然对他们负责。有人评论说，这种对待国民的态度，才是真正的"大国风范"。通常来说，可能需要获得双重国籍的人，多是涉及人才流动的群体，其可能是外交官、外贸投资者、留学生等。

另外，就像许多留学生身在海外也不愿意放弃自己祖国的国籍一样，还有许多本土引进的外国人才同样会因为内心的民族情结而不愿放弃母国籍，当拥有外国籍发展会受到限制时，他们会选择拒绝邀请。然而，一个国家又不可能对外国人比对本国公民还优待，因此，要适当地运用双重国籍这一武器。

2. 移民战略

入籍和绿卡是外国人才扎根的必要保证。世界移民政策改革的大方向也不例外，将接纳入籍和获得绿卡作为永久性引进人才的最根本的有力武器。但进行入籍以及获得绿卡通行的过程是比较复杂的，其筛选较为严格，它只对人才移民进行欢迎，对非法以及普通移民是持拒绝态度的。与美国，加拿大和澳大利亚等移民国家相比，传统的欧洲发达国家在 20 世纪下半叶，没有将移民制度与人才战略进行合理的结合是导致欧洲竞争力逐渐衰落的决定性因素之一。因此进入 21 世纪之后，欧洲大部分国家开始进行相应改革。

3. 通过丰富项目吸聚人才战略

人才、企业、产业能够产生巨大的聚集效应，人才吸引人才，人才聚集能创造出更多的财富与知识，这是一个国际共识。比如美国硅谷，其控制着科技与创新，华尔街掌握着金融与资本，好莱坞主导娱乐和生活。全球不仅是一个国家的人才聚集成就了这些全球产业中心，硅谷是世界高科技产业中心，但自 80 年代以来所创建的高科技公司，30% 都有 1 名印度或中国裔的创始人。同时，因为具备将知识和科技转化成生产力的巨大魅力，这些产业中心也吸引着全世界的人才来此圆梦。

或者说，正是因为产业的配套、相应基础设施的完善和政府大力度的相关优惠政策，以及根据项目进行资金扶助和贷款帮助等，将产业、资金、技术等各方面转化为直接效益的优势，这才是产业中心和科技园区之所以能够吸引顶尖人才的原因，同时这也是"人才战争"中的利器。英国政府也非常注意让大学和研究机构参与科技产业化，以此发挥大学作为科技创新人才聚集地的作用，同时也提高大学和研究机构的实践经验。据不完全统计，英国有 46 所大学至少创办了 30 多个科学园。其中 1972 年建立在英国赫利奥特瓦底特大学的科学园，是欧洲第一个科学园。英国最成功的科学园也跟大学有关，1975 年建立的剑桥科学园，在世界上的影响仅次于"硅谷"。高新技术的研发经费对许多中小型企业来说常常是天文数字，许多国家的市场体系刚刚建立，风险投资行业并不完善，预期市场回报并不明显。

4. 特殊人才特殊待遇战略

在俄罗斯以及独联体国家当中，科学界几乎没有人不知道维塔利·金茨堡的。维塔利·金茨堡是公认的超导体理论之父，他被公布获得 2003 年诺贝尔物理学奖后，在被媒体问及几十万美元的奖金时，这位杰出的科学家却意有所指地说："对我来说，诺贝尔奖奖金同我每月 2700 卢布（大约 100 多元美金）的工资相比，确实是一笔大数目。但是，即使同很一般的足球、冰球运动员的薪水相比，也只是一个小数，而从某种程度上看，我们的价值应该比一般的足球、冰球运动员要高很多。"维塔·利金茨堡的抱怨是有指向的，他的另外一位同获诺贝尔奖的同事如今已经在美国的国家实验室工作。

然而，流失的俄罗斯科学家并不是极少数的。2004 年在俄罗斯"全国人才会议"上，普京总统指出：从 1990 年到 2002 年，超过百万的俄罗斯科研人员已经减少了 66.2%，苏联解体、社会动荡、经济停滞是过去人才流失的原因，现在重要的原因是对科学、教育的重视和投入不够，因为俄罗斯科研人员月均工资只有国际平均水平的 1/10 ～ 1/30。

当各国竞相对高端人才打开大门欢迎移民入境时，跨越国界的全球化人才市场逐渐形成。全球市场自然会全球定价，这对于收入水平低的发展中国家来说，人才战争中将不得不常常提到一个问题：针对特殊人才的特殊待遇，根据国际"高级人才顾问协会"的统计，全球 70% 的世界顶尖人才的流动是由猎头公司协助完成的。企业使用猎头针对人才招聘的情况在过去是再常见不过的，而政府则只需要打下广告，就会有大批人才聚集于此，需要用谁就向企业借调谁。但在全球化时代，越来越多的政府已经需要在自己执掌政权之外的全球招募顶尖人才，甚至要与其他国家的政府展开争夺。因此，传统的方法已经有些落伍，政府猎头往往大有用武之地。

瑞士跨国医药公司——罗氏公司 2004 年在中国建立了研发中心，正是为了利用中国医药人才并节省人力资本的开销。在美国，一位药剂师研发药物的全部工作成本约为每年 25 万美元，而在中国，他们每年支付给研发人员的平均薪金不过人民币 20 万元，但在中国这绝对已算高薪。当他们在运作中发现，雇佣成本较低的中国药剂师缺乏向"全球标准看齐"的能力，就主动对这些员工进行培训，甚至将一些中国实验室的项目负责人送往位于瑞士以及加利福尼亚的实验室，让他们先与那些科研人员一同工作，以弥补国际交流与合作的不足。这种国际科技合作也常常使双方获益。

5. 民间社团、基金会、人才库战略

许多国家意识到，滞留在海外的人才相当于一笔巨大的风险投资，可能会连本带利地收获丰厚的回报，但也可能血本无归。但是，有时候政府部门直接在海外开展"人才回归计划"，尤其是争夺那些掌握核心、关键、敏感领域的高级人才，往往有所不便甚至会引发争议。因此，与海外侨裔高端人才保持长期联系的海外专家／学者协会、侨裔／留学生社团等就能跻身其中，发挥作用。许多国家的政府也会采取扶持措施，帮助建立国际顶尖人才、海外族裔人才、留学人才等数据信息库配合侨务部门、政府猎头、研究机构，为政府和企业引进海外人才服务。

2006 年联合国秘书长的报告《国际迁徙与发展》就指出："原籍国期望受到高等教育的学子归来后为推动经济发展所需要的知识和技术、促进机制建设和加快经济增长贡献力量，当然他们也知道即将毕业的学生是否回国取决于国内是否有适当的工作机会。但是，即便是留学生短期内不回国，原籍国越来越多地利用涉及高技能侨民的网络，及促进他们对原籍国进行工作访问的方案，也可加强合作和转移知识。"

6. 招收并挽留外国留学生战略

如果外国留学生找不到合适的工作或者说不是本国所需要的，那么他们将因为无法申请到工作签证而不得不在留学签证到期后离开，政府也不会背上任何的负担。因此，世界上的主要发达国家都采取了积极招收留学生的战略。

7. 文化输出与国家梦战略

正如全球推销自己的制度是为了获得更多有共识的盟友，美国进行文化输出并在全球塑造"美国梦"的存在，并非没有自己的目的，只是更具有隐蔽性。其主要目的是吸引全世界各方面人才去美国发展。中国如果期望未来不仅仅依靠重金高薪来争夺世界的顶尖人才，将"争夺"变成"吸引"，不提供任何条件而让那些怀有雄心的人才主动来中国创业、工作、效力，那么在全世界塑造一个"中国梦"是必不可少的一步。这个梦想也不仅仅是让外国人才想来中国赚钱、发展自己的事业，还要让外国人才愿意留在中国扎根——把他们赚的钱以及产业也留在中国，甚至让外国人愿意把他们在全世界赚的钱带到中国来安家乐业。

参考文献

[1] 费胜章，王建军．青海科技创新人才开发机制研究 [J]. 青海师范大学学报（哲学社会科学版），2009（4）.

[2] 刘素平．论科技创新人才开发的战略意义 [J]. 产业与科技论坛，2012，11（11）.

[3] 叶弯，刘晓勇．WSR 视角下科技创新人才开发系统影响因素的实证研究 [J]. 科技管理研究，2017，37（9）.

[4] 张宏如，吉新．基于心理资本的科技创新人才开发的文化生态机制研究 [J]. 科学管理研究，2014，32（6）.

[5] 钟响，黄绪华．金融危机背景下我国科技创新人才开发研究 [J]. 商场现代化，2010（11）.

[6] 周爱军．科技创新人才开发问题研究 [J]. 经济论坛，2011（1）.

[7] 张壬癸，方浩文．创新驱动发展的评价方法体系研究 [J]. 特区经济，2018（4）.

[8] 黄泽娜，唐小鹏．创新驱动之创新人才保障机制研究 [J]. 中国商论，2018（11）.

[9] 储节旺，曹振祥．创新驱动发展的企业专利情报战略研究 [J]. 情报理论与实践，2018，41（4）.

[10] 董兆武．创新驱动高等教育内涵式发展 [J]. 池州学院学报，2018，32（2）.

[11] 王志刚．以改革驱动创新　以创新驱动发展 [J]. 中国科学院院刊，2018，33（4）.

[12] 淡志强，张慧强．基于创新驱动发展战略的高校无形资产管理策略 [J]. 行政事业资产与财务，2018（9）.

[13] 李鸿征．协同创新驱动发展战略下的地方高校转型发展研究 [J]. 科技创新与生产力，2018（5）.

[14] 储节旺，吴川徽．创新驱动发展的协同主体与动力机制研究 [J]．安徽大学学报（哲学社会科学版），2018，42（3）．

[15] 刘娟，马学礼．雄安新区创新驱动发展实现路径研究——创新生态系统视角 [J]．科技进步与对策，2018，35（8）．